GMRC INTERNATIONAL INSTITUTE FOR GOVERNANCE, MANAGEMENT, RISK & COMPLIANCE

Impressum

Digitalisierung, Nachhaltigkeit und „Unternehmensführung 4.0“ (GRC) mit Digitalisiertem Integrierten GRC-Managementsystem

GMRC-Verlag
GMRC-Verlag-GbR
Verlag für Governance, Management, Risk & Compliance

Resilienz und Zukunftsfähigkeit

Analysen, Vision, Mission, Ziele, Strategie, Planung, Organisation, Umsetzung, Steuerung und Überwachung

Leitfaden für die Verknüpfung von Digitalisierung,
Nachhaltigkeit und GRC mit Strategie,
Zielerreichung und Berichterstattung
(Lage-, Prognose-, Risiko- & Chancen- und Nachhaltigkeitsbericht)

1. Auflage 2021

Herausgeber und Autor:

Prof. Dr. jur. Josef Scherer
Richter am Landgericht a.D.
Rechtsanwalt
Professor für Unternehmensrecht (Compliance), Risiko- und Krisenmanagement, Sanierungs- und Insolvenzrecht
Leiter des Internationalen Instituts für Governance, Management, Risk & Compliance der Technischen Hochschule Deggendorf,
Mitglied des DIN-Normenausschusses Dienstleistungen
[Arbeitsausschuss Governance und Compliancemanagement NA 175 – 00 – 01 AA / Delegation ISO TC 309 Governance of Organizations zur Erarbeitung von ISO / DIN-Standards im Bereich Unternehmensführung (Governance) und Compliancemanagement und Arbeitsausschuss Personalmanagement NA 159-01-19 AA zur Erarbeitung von ISO/DIN-Standards im Personalmanagement]
Mitglied der Arbeitsgruppe 252.07 von Austrian Standards International zur Erarbeitung einer ÖNORM 4900 ff. (Risiko-Managementsystem-Standards).

Klaus Fruth (Hrsg.)
Staatsanwalt als Gruppenleiter
Lehrbeauftragter an der Technischen Hochschule Deggendorf

Prof. Dr. jur. Andreas Grötsch (Hrsg.)
Rechtsanwalt und Steuerberater
Professor für Corporate Social Responsibility (CSR), Tax Compliance und Steuerstrafrecht an der Technischen Hochschule Deggendorf

ISBN: 978-3-947301-27-0

Bibliografische Information der Deutschen Nationalbibliothek:

Die Deutsche Nationalbibliothek verzeichnet diese Publikation in der Deutschen Nationalbibliografie; detaillierte bibliografische Daten sind im Internet über http://dnb.d-nb.de abrufbar.

Zitiervorschlag: *Scherer,* Digitalisierung, Nachhaltigkeit und „Unternehmensführung 4.0“ (GRC), 1. Auflage, 2021, S. ...

Widmung:

Dieses Buch ist

Herrn Prof. Dr. Roland Zink, Experte für ökologische Nachhaltigkeit an der Technischen Hochschule Deggendorf gewidmet.

***Roland,* get well soon!**

Code für Ihr e-book:

Kostenloser download unter http://gmrc-verlag.de/ download-e-books

icdmoriarait

Gebrauchsanweisung

Diese Gebrauchsanweisung dient dazu, diesen Leitfaden für das GRC-Managementsystem individuell passend zu verwenden:

Impressum

Das Impressum auf Seite II ist anzupassen, falls der Bericht zur Veröffentlichung gelangen soll.

Sollten Sie Teile der Vorlagen des Autors wörtlich übernehmen wollen, so ist das Einverständnis einzuholen und die Quelle zu zitieren.

Inhaltsverzeichnis

Das Inhaltsverzeichnis ist angelehnt an die High Level Structure der ISO, ebenso an ISO 9001 (QM), ISO 37301 (Compliance), ISO 27001 (Informationssicherheit), ISO 14001 (Umwelt), etc. sowie an den GRI-Nachhaltigkeitsstandard (CSR / ESG/ Nachhaltigkeit) und an eine typische Gliederung für einen Geschäftsbericht nach HGB.

„Maske“

Die im e-book hellrot unterlegte Maske zeigt unter

- **Geschäftsberichterstattung**, was typischerweise an Inhalten in Geschäftsberichten zu finden ist.
- der Rubrik **Verantwortung** die verantwortlichen Stellen der einzelnen behandelten Themenbereiche; ebenso die Vertretung.
- **Nachhaltigkeitsberichterstattung** eine Auflistung von Fundstellen und Themen, die im GRI-Nachhaltigkeitsberichts-Standard an der jeweiligen Stelle zu finden wären.
- **Synopsen**, Hinweise auf die ISO-Standards für QM, Risk, Compliance, Informationssicherheit, etc.
- **Ablageort**, in welchem System Ihres Unternehmens das jeweilige Dokument abgelegt wird, beispielsweise CRM, SAP, Intranet, etc.
- **Managementsystem-Beschreibung / Management-Review** das Ergebnis des Soll-Ist-Abgleiches für die jeweilige Managementsystem-Insel oder das Integrierte GRC-Managementsystem. Die Managementsystembeschreibung („Management-Review“) und sollte stets aktuell und wahrheitsgemäß sein.

Summary

Das Summary gibt einem kurzen Überblick über das zu behandelnde Kapitel.

Ziel der folgenden Ausführungen

Hier wird der Leser instruiert, worüber er nach der Lektüre der jeweiligen Passagen informiert sein sollte.

Fallbeispiel

Fallbeispiele (Breaking news) sollen den Bericht kurzweilig und anschaulicher gestalten.

Beispiel aus der Praxis aus Geschäftsberichten

Das Beispiel aus der Praxis ist im ebook grün unterlegt und zeigt, dass andere Geschäftsberichte ähnliche Themen in dieser Art behandeln.

In der finalen Fassung Ihres Berichtes ist diese Passage zu streichen.

Vorschlag für Ihren Text

Hier hat der Autor mögliche zu verwendende oder umzuformulierende Texte dargestellt.

Literatur

Unter Literatur finden sich Hinweise auf Artikel, die der Vertiefung des jeweiligen Kapitels dienen sowie frei zugängliche e-learning Programme.

In einigen Kapiteln finden sich

Deckblätter für **Handbücher**,

Management Letter

Ziele-Blätter oder **Projektbeschluss-Blätter**.

Sofern gewünscht, kann das jeweilige Thema über ein **Musterhandbuch** für Ihr Unternehmen dargestellt werden.

Die **Ziele-Blätter** enthalten für das jeweilige Thema „smart" formulierte Ziele und Kennzahlen und die **Projektbeschluss-Blätter** enthalten eine dokumentierte Projektierung mit entsprechendem Beschluss der Geschäftsleitung.

Inhaltsverzeichnis

Vorwort der Geschäftsführung:

Wann, wenn nicht jetzt?!
„Das Richtige richtig tun“

- Verknüpfung von Digitalisierung, Nachhaltigkeit *und* „Unternehmensführung 4.0“ (GRC) mit Strategie, Zielerreichung und Berichterstattung

„Maske“:

Hinweis intern: Diese „Maske“ ist als *interne* Information der Hinweis auf die vielfältigen Funktionen des Berichtes.

Dies ist in Ihrem individuellen Bericht zu löschen.

Geschäftsberichtserstattung:

„Vorwort“

Verantwortung:

(Die verantwortlichen Stellen sind bei den einzelnen Themenbereichen genannt.)

Abschließende Zuständigkeit für Erstellung / Finalisierung / Verabschiedung und Kommunikation dieses Berichts: N.N.

Vertretung: *N. N.*

Nachhaltigkeitsberichterstattung nach Standard *„Global Reporting Initiative“*[1] (künftig abgekürzt: GRI):

Grundlagen GRI 101: 2016

6. Vorgehensweise bei der Berichterstattung

GRI 102-45 Im Konzernabschluss enthaltene Entitäten

GRI 102-46 Vorgehen zur Bestimmung des Berichtsinhalts und der Abgrenzung der Themen

GRI 102-47 Liste der wesentlichen Themen

GRI 102-48 Neudarstellung von Informationen

[1] Vgl. Anlage 1: Was ist der Nachhaltigkeitsstandard „GRI“?

GRI 102-49 Änderungen bei der Berichterstattung

GRI 102-50 Berichtszeitraum

GRI 102-51 Datum des letzten Berichts

GRI 102-52 Berichtszyklus

GRI 102-53 Ansprechpartner bei Fragen zum Bericht

GRI 102-54 Erklärung zur Berichterstattung in Übereinstimmung mit den GRI-Standards

GRI 102-55 GRI-Inhaltsindex

GRI 102-56 Externe Prüfung

Synopsen bzgl. der diversen Standards:

Vorwort

Nahezu alle Standards (QM, Risk, Compliance, Informationssicherheit, etc.) gehen im *Vorwort* auf aktuelle Entwicklungen, Anforderungen und Leitfäden, um diese Anforderungen zu erfüllen, ein.

Ablageort:

Das Manual *„Digitalisiertes Integriertes GRC-Managementsystem der N.N."* ist *abgelegt in:* Verlinkung

GRC-Managementsystem-*Beschreibung* / „Management-Review"

(Vgl. hierzu das Ergebnis des Soll-Ist-Abgleiches bzgl. des GRC-Managementsystems)

Summary

1. Die Megatrends Digitalisierung, (ökonomische, soziale und ökologische) Nachhaltigkeit, veränderte Arbeitswelten, Regulierung mit gestiegenen Haftungsgefahren und instabile Märkte stellen hohe Anforderungen an den „Ordentlichen Kaufmann" – und somit auch an N.N. (Firma).
2. N.N. (Firma) ist den Shareholdern und Stakeholdern verpflichtet, für nachhaltige Unternehmenssicherung und Unternehmenswertsteigerung zu sorgen.
3. N.N. (Firma) wird durch ein *digitalisiertes Integriertes GRC-Managementsystem* bei Analysen, Zielsetzung, Strategieentwicklung, Organisation, Umsetzung, Steuerung, Bewertung und Berichterstattung effektiv unterstützt.
4. Nachfolgender Bericht erläutert die Verknüpfung von Digitalisierung, Nachhaltigkeit *und* „Unternehmensführung 4.0" (GRC) mit Strategie, Zielerreichung und Berichterstattung bei N.N. (Firma).

Ziel der folgenden Ausführungen:

Sie sollten darüber informiert sein,

– welche Megatrends hohe Anforderungen an Manager und Mitarbeiter der N.N. (Firma) stellen

und

– wie ein Bericht über Digitalisierung, Nachhaltigkeit *und* Unternehmensführung (GRC) Ihnen helfen kann, diese Anforderungen zu erfüllen.

„Breaking News" (Fallbeispiel)

„Digitalisiere oder verliere!"

Audi streicht 9.500 Stellen bis 2025

„Die VW-Tochter Audi will 9.500 Stellen in Deutschland abbauen, (...) Im Gegenzug will der Konzern 2.000 neue Jobs in Zukunftsbereichen schaffen – in Bereichen wie Elektromobilität und Digitalisierung."[2]

Hinweis:

Die jeweiligen im e-book grün unterlegten „Beispiele aus der Praxis" sollen Ihnen zeigen, wie andere Unternehmen das jeweilige Thema beschreiben. In Ihrem individuellen Bericht ist dies zu löschen.

---

[2] Vgl. *Spiegel Online,* https://www.spiegel.de/wirtschaft/unternehmen/audi-streicht-9500-stellen-bis-2025-a-1298327.html

Beispiel aus der Praxis:

Quelle: STRABAG-Geschäftsbericht 2018, S. 176 (abrufbar im Internet):

*[...] – bedingt durch **zunehmende** gesellschaftliche **Ansprüche**, durch rasche **technologische Entwicklungen** insbesondere in der Informations- und Kommunikationstechnologie sowie durch **Kundenanforderungen – ändern sich** die **Aufgaben** für das Unternehmen immer schneller. [...]*

Quelle: STRABAG-Geschäftsbericht 2018, S. 23 ff. (abrufbar im Internet):

*Für die [...] bedeutet das, **dass wir kontinuierlich nach neuen Technologien und Methoden Ausschau halten bzw. diese aktiv mitentwickeln**. Denn unsere Rolle als Technologiepartnerin [...] ist ein hoher Anspruch, dem wir Tag für Tag gerecht werden müssen. **Um morgen wettbewerbsfähig zu bleiben**, richten wir unseren **Blick auf das Übermorgen**. (...)*

*Auch wenn wir erneut ein Rekordjahr mit erfreulichen Ergebnissen hinter uns haben, müssen wir uns rechtzeitig und aktiv künftigen Veränderungen stellen. Dazu bedarf es aber nicht nur eines umfassenden Wissens über Entwicklungen und Technologien, sondern auch **Aspekten wie aktiver Vernetzung oder einer positiven Fehlerkultur**. (...)*

Weiter im e-book.

Vorschlag („Rohmaterial“) für Ihren Text im Geschäftsbericht

Wann, wenn nicht jetzt?!

„Das Richtige richtig tun“

Verknüpfung von Digitalisierung, Nachhaltigkeit und „Unternehmensführung 4.0“ (GRC) mit Strategie, Zielerreichung und Berichterstattung

Megatrends:

Die derzeitigen „Megatrends“ Digitalisierung, Nachhaltigkeit, veränderte Arbeitswelten, wachsende Regulierung und instabile Märkte, etc. lassen – branchenabhängig- „keinen Stein mehr auf dem anderen“: Sie sind **disruptiv!**

Digitale Transformation: „Digitalisiere oder verliere!“ bzw. „Wer zu spät kommt, ...“

Es werden ständig **aktuelle Studien zum Thema Digitalisierung** und sonstigen Umfeldveränderungen (nicht zuletzt auch durch die Corona-Pandemie) vorgestellt.

Einig sind sich alle, dass sich in den kommenden Jahren die Unternehmens- und Arbeitswelt drastisch ändern werde.

Diese Entwicklung lässt sich nicht wegdiskutieren: Dies ist kein „schwarzer Schwan“[3].
Vielmehr gilt es, frühzeitig Risikomanagement zu betreiben: Gefahren und Chancen analysieren, bewerten, Gefahren steuern und vor allem: **die Chancen nutzen**:

Auch in einem disruptiv veränderten Umfeld können und müssen Management, Stakeholder, Shareholder, Investoren, Aufsichtsgremien und Mitarbeiter (!) „das Richtige richtig tun“[4].

Weiter im e-book.

Alle „Interessierten Gruppen“ wollen von N.N. (Firma) das Gleiche:

- Angemessene Ziele, Strategie und Planung
- Effektive Umsetzung
- Effektive Steuerung und Überwachung
- Zielerreichung, Information der Interessierten (Parteien) und ständige Anpassung an neue Anforderungen.

Das Umfeld mit Megatrends und die interested parties stellen aktuell **hohe Anforderungen** an die erfolgreiche Unternehmensführung im Digitalen Zeitalter.

Dies bedingt eine robuste (rechtssichere) und zukunftsorientierte Anpassung unser aller Strategie und Unternehmensführung (Governance).

Die N.N. (Firma) sieht derzeit ihre **aus einer Wesentlichkeitsanalyse abgeleiteten strategischen TOP-Ziele** in

---

[3] Ein „schwarzer Schwan“ im Risikomanagement bedeutet ein absolut unvorhersehbares Ereignis, z. B. ein *„Selch“*.
PS: Als man checkte, dass in Australien sehr wohl schwarze Schwäne existieren (und mittlerweile auch im Tierpark Straubing) relativierte sich diese Sichtweise.

[4] *Effizient* ist *nicht*, mit einer Nagelschere, sondern mit einem Mähroboter das Ziel: „Gemähter Rasen“ zu erreichen, obwohl beide Methoden *effektiv* (zielführend) sein können. – Ohne passendes Werkzeug zu arbeiten bzw. bloß Symptome „der Rasen ist nicht mehr bespielbar...“ zu *besprechen*, ist weder effektiv noch effizient.

1. dem Primärziel „Nachhaltige Existenzsicherung und Unternehmenswertsteigerung“ (vgl. Punkt 6.7.1)

2. Begeisterte Kunden und sonstige „interessierte Parteien“ (vgl. Punkt 6.7.2)

3. Rechtssichere Organisation (Corporate Compliance) (vgl. Punkt 6.7.3)

4. (Projektbezogenes/strategisches) Risikomanagement (vgl. Punkt 6.7.4)

5. Strategische Personalentwicklung und Beschäftigungsbedingungen (Arbeitssicherheit / Gesundheitsschutz / ...) (vgl. Punkt 6.7.5)

6. Ressourcenmanagement (Energie, Materialeinsatz, Emissionen, Umwelt) (vgl. 6.7.6)

7. Innovation, Digitalisierung, prozessorientierte Organisation, Informationssicherheit und Datenschutz (vgl. Punkt 6.7.7)

Damit werden wir uns auch in diesem Bericht beschäftigen.

Dadurch ergibt sich in vielen Unternehmen **ein z. T. geändertes Geschäftsmodell** oder eben auch eine verstärkt **„geistige Leistung“** (intellectual property / digital assets), die aus Wissen in Form von Prozessen mit zugehörigen Komponenten (Rollen, Ziele, Ressourcen), IT-Systemen und IT-Tools, Algorithmen, Robotern und an vielen verbleibenden Stellen Menschen mit angemessenen Kompetenzen und Einstellungen besteht. Und diese unterschiedlichen Komponenten (vgl. nachfolgende Grafik) eines Unternehmens müssen allesamt auf die digitale Transformation ausgerichtet werden.

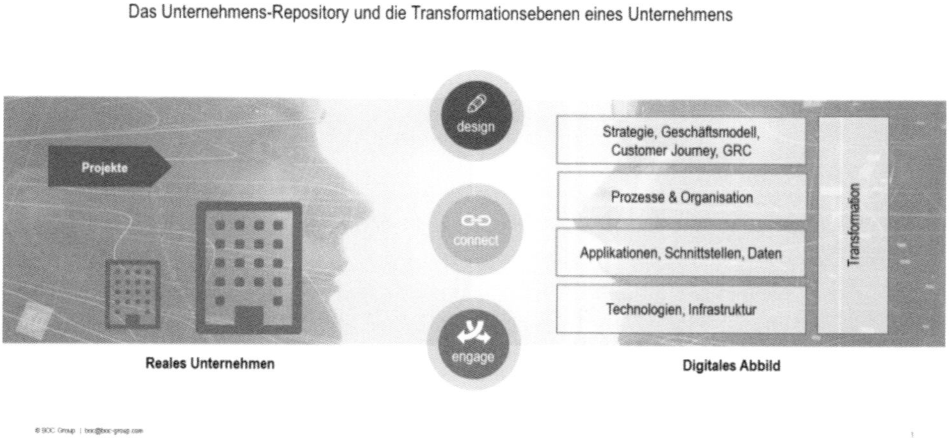

Abbildung 1: Das Unternehmens-Repository und die Transformationsebenen eines Unternehmens („Digitaler Zwilling“)[5]

Nach der aktuellen **Studie der OECD** 2019 seien **deutsche Arbeitnehmer von der Digitalisierungswelle überdurchschnittlich stark betroffen**: In den kommenden 10 bis 15 Jahren sei fast jeder 5. Arbeitnehmer (20 %) relativ leicht durch Software und Roboter zu ersetzen.[6]

Und die nächste „Kognitive Revolution“[7] steht an: Quantencomputer sind in der Erprobung: Ein „Quantensprung“ bei der Entwicklung der künstlichen Intelligenz.

Es gilt daher, zeitnah folgende Fragen zu klären (und Maßnahmen abzuleiten):

□ Was heißt überhaupt „Digitalisierung“ konkret?

□ Wie müssen Unternehmen ihre Strategie und Organisation anpassen, um nachhaltig erfolgreich zu sein?

□ Welche neuen Anforderungen werden an „Unternehmensführung 4.0“ (Governance) gestellt?

□ Wie sieht künftig eine teil-automatisierte, digitalisierte Workflow-Ablauforganisation aus?

□ Wo findet sich darin der Mensch, Manager, Mitarbeiter?

□ Über welche Kompetenzen hat er künftig zu verfügen?

---

[5] Vgl. BOC www.boc-group.com, TIM – tim-solutions.de

[6] Vgl. *OECD*, OECD Employment outlook 2019: The Future of work, 25.04.2019. Die Studie von *Frey / Osborne* aus 2013 geht davon aus, dass in den USA in den nächsten 10 bis 20 Jahren 50 % der Arbeitsplätze durch Roboter und Software ersetzt würden. Zu sehr ähnlichen Ergebnissen kam die Studie des Weltwirtschaftsforums (WEF) im September 2018.

[7] *Harari*, Eine kurze Geschichte der Menschheit, 25. Auflage 2015, S. 10, 34 und *Precht*, Jäger, Hirten, Kritiker, 2018.

- ☐ Wo müssen Workflows „eng führen“ und wo breiten Raum für Kreativität, Agilität etc. lassen?
- ☐ Wie können neue Lehr- und Coaching-Formen (z.B. workflowbasiert an den jeweiligen Prozessschritten) den Aufwand für Coaching / Ausbildung reduzieren und zugleich effektiver sein?
- ☐ Wie können dadurch auch weniger qualifizierte Personen befähigt werden, „das Richtige richtig“ zu tun?
- ☐ Wie sieht ein auf die digitale Welt angepasstes Integriertes GRC-Managementsystem aus?
- ☐ Wie sieht ein auf die aktuellen Veränderungen angepasstes ökonomisch, sozial und ökologisch nachhaltiges Unternehmen aus?

Zunächst sind über Unternehmens-, Umfeld-, „Interessierte Gruppen“-, SWOT- und Risiko-Analyse wichtige Fragen zu klären:

	Ja	Nein
Ist unsere Leistung / Produkt langfristig zukunftssicher / marktfähig?	❑	❑
Was sind unsere besonderen Potenziale / Stärken / Chancen? ______		
Was sind unsere Schwächen / Gefahren? ______		
Ist unser Geschäftsmodell zukunftsfähig?	❑	❑
Sind unsere Abläufe / Prozesse effektiv, rechtssicher, risikobasiert, effizient und digitalisiert?	❑	❑
Kennen unsere potenziellen Ziel-Kunden (optimale Adressaten für unsere Leistung) unsere Leistungen und wird der Kundenwunsch nach unserer Leistung erfolgreich stimuliert?	❑	❑
Welche(s) Managementsystem(e) benötigen wir, um unsere Ziele zu erreichen?	______	

Wie erreichen wir unser oberstes Ziel **„Nachhaltige Existenzsicherung und Unternehmenswertsteigerung“** im Digitalen (Corona-)Zeitalter?

Wir brauchen eine Strategie und ein Konzept für die Verknüpfung von **Digitalisierung, Nachhaltigkeit und „Unternehmensführung 4.0“** („Digital Governance“) mit Strategie, Zielerreichung und (Nachhaltigkeits-) Berichterstattung, um **„das Richtige richtig“ zu tun!**

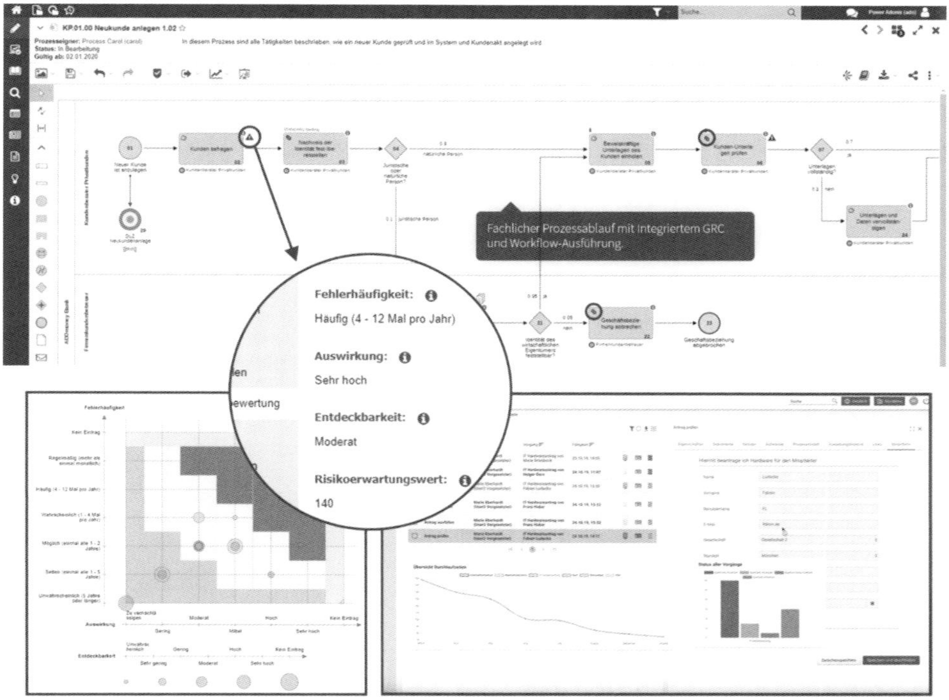

Abbildung 2: Screenshot: Beispielhafte Abbildung eines Prozesses, integriert mit Risikomanagement und digital als Workflow umgesetzt[8]

Die meisten unternehmerischen Aktivitäten lassen sich als Prozesse modellieren.

Diese sind so auszugestalten, dass sie **die diversen Anforderungen aus Technik, Betriebswirtschaft, Compliance, Risk, Nachhaltigkeit, etc. erfüllen** und dafür sorgen, die gesetzten Ziele zu erreichen.

Zugleich ist **zu analysieren, welche Aktivitäten** künftig **noch von Menschen oder (teil-) automatisiert durch** Anwendungen, Systeme (ERP-, Dokumentenmanagement-, CRM-, etc.-, IT-Systeme), Roboter, Algorithmen oder sonstigen **Tools aus Digitalisierung und künstlicher Intelligenz ersetzt / unterstützt werden**.

[8] Quelle: ADONIS – BOC www.boc-group.com, TIM – tim-solutions.de

Die Anforderungen, um die strategischen Top Ziele

1. Nachhaltige Existenzsicherung und Unternehmenswertsteigerung[9],
2. Zufriedenheit von Kunden und „Interessierten Gruppen“[10],
3. Compliance[11],
4. (projektbezogenes / strategisches) Risikomanagement,[12]
5. Personalentwicklung und attraktive Beschäftigungsbedingungen,[13]
6. Ressourcenmanagement[14] sowie
7. Innovation, Digitalisierung[15]

zu erreichen, **sind die gleichen Anforderungen (!), wie sie in den vielen diversen Insel-Managementsystemen** (Finanz-, Qualitäts-, Compliance-, Risiko-, Personal- und Corporate Social Responsibility Managementsystem) **dargestellt sind**.

Neben den optimierten Prozessen sind dies ca. 30 Komponenten in jedem Insel-System (z.B. interested parties-Analyse, „Tone from the Top“, Dokumentation, Organisation, Überwachung, etc.).

Daraus sind jedoch ca. 70 % redundant / analog![16]

Deshalb haben wir uns entschieden, für N. N. (Firma) ein GRC-Managementsystem einzuführen, das diese „Inseln“ integriert.

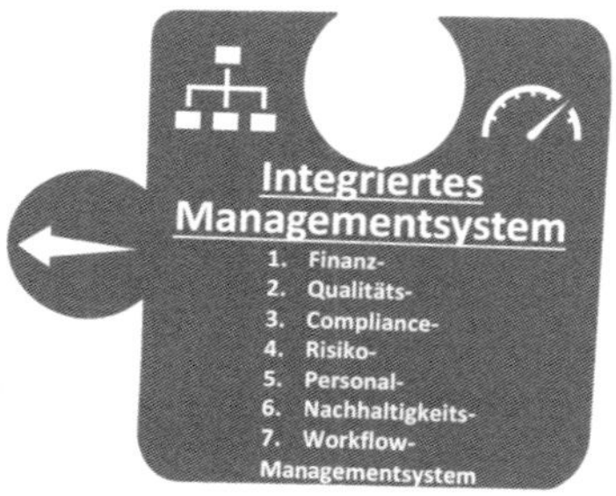

[9] Vgl. *Scherer/Fruth* (Hrsg.), Governance-Management Buch I, 2014, sowie *Scherer*, Handbuch Integriertes Finanz-Managementsystem mit GRC, 2021. Standards: IDW S 6:2018, IDW S 11:2017, etc.

[10] Vgl. *Scherer/Fruth* (Hrsg.), Product-Compliance, Vertragsmanagement und Qualitätsmanagement, 2018 und *Scherer/Fruth* (Hrsg.), Integriertes Qualitäts-Managementsystem mit GRC, 2018. Standards: ISO 9001, ISO 9004, etc.

[11] Vgl. *Scherer/Fruth* (Hrsg.), Integriertes Compliance-Managementsystem mit GRC, 2018. Standards: ISO 19600, IDW PS 980, etc.

[12] Vgl. *Scherer/Fruth* (Hrsg.), Digitalisiertes Integriertes Risiko-Managementsystem mit GRC, 2019. Standards: ISO 31000, IDW PS 981, etc.

[13] Vgl. *Scherer/Fruth* (Hrsg.), Integriertes Personal-Managementsystem, 2018. Standards: ISO 30400 ff.

[14] Vgl. *Scherer/Kollmann/Birker,* Integriertes Corporate Social Responsibility-Managementsystem, 2018. Standards: Global Reporting Initiative, 2016.

[15] Scherer/Fruth/Grötsch (Hrsg.), Digitalisierung, Nachhaltigkeit und „Unternehmensführung 4.0“ (2021).

[16] Vgl. Punkt 4.4.5 Redundante und analoge Komponenten bei allen „Managementsystem-Inseln“ in ähnlichen Standards

Wertbeitrag von Digitalisierung, Nachhaltigkeit und GRC:

1. Der Wertbeitrag besteht nicht nur aus Enthaftung und Vermeidung möglicher Schadens- und Haftungsfälle.
2. Digitalisierung, Nachhaltigkeit und GRC sind strategische Führungsinstrumente.

Digitalisierung, Nachhaltigkeit und GRC sind „Ziel-führend“. Das heißt, sie ermitteln zum richtigen Zeitpunkt (nicht erst, wenn das „Kind schon in den Brunnen gefallen ist“) (Compliance-) Risiken.

Statt aber nur „no go´s“ und „dealbreaker“ aufzuzeigen, macht GRC durch kreative Lösungen / Steuerungen der Risiken den Weg zum Ziel frei.

3. Zugleich wird durch Digitalisierung, Nachhaltigkeit und GRC Transparenz und Struktur erzeugt. Das sorgt für Effektivität und Effizienz und reduziert unnötigen Stress!
4. Durch die digitale Optimierung von Abläufen / Methoden kann zugleich auch noch enorm ressourcenschonend gearbeitet werden.[17]

Der in diesem Bericht dargestellte Ansatz ermöglicht die

Verknüpfung von Digitalisierung, Nachhaltigkeit und GRC mit Strategie, Zielerreichung und (Nachhaltigkeits-)Berichterstattung!

Weiter im e-book…

[17] Infos von *TIM Solutions* bzgl. konkreter Praxisfälle zu Einsparungen und Digitalisierung (20.04.2020): Beispiele bei Automatisierung eines einzigen Prozesses:
1. Elektronik-Unternehmen (ca. 11.000 Mitarbeiter): 26.160 h Zeiteinsparung pro Jahr / 784.800 € Kosteneinsparung pro Jahr / ca. 66 % Kosteneinsparungen gegenüber anderen Workflowlösungen; 2. Automotive OEM: ca. 1.400 h Zeiteinsparung pro Jahr; 3. Automotive OEM: 1 Prozessdurchlauf, um ROI zu erreichen; 4. Automotive OEM: > 3.000 h Zeiteinsparung pro Jahr; 5. Personalvermittlungsunternehmen: Nach nur 6 Monaten ROI erreicht

„GRC“ in S (strategy) & P (performance)!

Das Besondere dabei: Wir wollen bereits bei der Umsetzung – und nicht erst Jahre später – durch bessere Entscheidungen und optimierte digitale Prozesse Zeit, Geld und Stress einsparen...

Die Beachtung der Ausführungen in diesem Bericht hilft nicht nur, für die „Überwacher“ / „Lines of defense“ (Audits / Revision / Abschlussprüfung oder Zertifizierung) der angesprochenen Bereiche vorbereitet zu sein, sondern primär, unsere Ziele zu erreichen sowie resilient und zukunftsfähig zu bleiben.

Januar 2021

N.N.

Vorstand / Geschäftsführer der N.N. (Firma)

Hinweis: Die Literatur- / e-learning-Hinweise dienen der Möglichkeit, die jeweiligen Themen „vertieft zu ergründen“. Sie können in Ihrem individuellen Bericht gelöscht werden.

Literatur

Scherer, Resilienz & Zukunftsfähigkeit – Aktuelle Anforderungen an Unternehmensführung (GRC), Digitalisierung und Nachhaltigkeit, JMG 3/2020, 165-172 (zum kostenlosen Download auf www.scherer-grc.net/Publikationen).

☐ **E-Learning:**

Vgl. *Scherer,* OPEN vhb, Unternehmensführung 4.0 im Bereich Risiko- und Complliancemanagement, Vorwort: Digitalisierung, Nachhaltigkeit und „Unternehmensführung 4.0“ mit digitalisiertem Integrierten GRC-Managementsystem

Über diesen Bericht
E.1 Einführung:
Über uns, über Trends und über unser Integriertes GRC-Managementsystem als Grundlage für „Unternehmensführung 4.0", Resilienz und Zukunftsfähigkeit

Geschäftsberichtserstattung:

„Über diesen Nachhaltigkeitsgeschäftsbericht"

Verantwortung*:*

Abschließende Zuständigkeit für Verabschiedung und Kommunikation des Berichts: Geschäftsführung N.N.

Vertretung*: N.N.*

Nachhaltigkeitsberichterstattung nach Standard *„Global Reporting Initiative"*[18] (künftig abgekürzt: GRI):

„GRI 101: Grundlagen (2016)

1. *Prinzipien der Berichterstattung*
2. *Anwendung der GRI-Standards für die Erstellung von Nachhaltigkeitsberichten*
3. *Abgabe von Erklärungen zur Anwendung der GRI-Standards*

GRI 102: Allgemeine Angaben

Über diesen Standard „Global Reporting Initiative

Verantwortlichkeit	*Dieser Standard wird vom Global Sustainability Standards Board (GSSB) herausgegeben. Die einzelnen GRI-Standards stehen unter www.globalreporting.org/standards komplett zum Download bereit.*
Scope	*GRI 101: Grundlagen gilt für alle Organisationen, die ihre Berichte zu ökonomischen, ökologischen und/oder sozialen Auswirkungen auf Grundlage der GRI-Standards erstellen möchten.*

[18] Vgl. Anlage 1: Was ist der Nachhaltigkeitsstandard „GRI"?

Summary

1. Eine SWOT-Analyse gibt Aufschluss über Resilienz und Zukunftsfähigkeit unserer Organisation. Ebenso über Reifegrad von Digitalisierung, Nachhaltigkeit und GRC.

2. Ein Managementsystem ist im Grunde die Aufbau- und Ablauforganisation des Unternehmens.

3. Im Vordergrund stehen dabei die Prozesse. Ein Integriertes GRC-Managementsystem integriert diverse Managementsystem-Inseln (QM, Risk, Compliance...) in ein einziges GRC-Managementsystem

Ziel der folgenden Ausführungen:

Sie sollten darüber informiert sein,

- wie eine kurze Unternehmensbeschreibung von N.N. (Firma) aussieht,

- was Digitalisierung bedeuten kann,

- was ein Managementsystem ist

und

- was die Gründe für die Einführung eines digitalisierten Integrierten GRC-Managementsystems bei N.N. (Firma) sind.

„Breaking News“ (Fallbeispiele)

Fall: *„Insolvenzen und Warnung eines Insolvenzverwalters“*

Insolvenzverwalter: *„In den vergangen zehn Jahren haben vor allem Betriebe Probleme bekommen, die den Trend zur Automatisierung verpasst haben. Die kommenden zehn Jahre wird es Firmen treffen, die den Trend zur Digitalisierung verpassen.“*[19]

---

[19] Vgl. *Ampferl* in *PNP*, Deggendorf vom 29.03.2019.
Vgl. auch *dpa/PNP vom 30.11.2019, S. 6: 2019: Anstieg von über 40 % bei Insolvenzen bei Unternehmen mit mehr als 50 Millionen Umsatz.*

Vorschlag („Rohmaterial“) für Ihren Text im Geschäftsbericht

E.1 Einführung: Über uns, über Trends und über unser Integriertes GRC-Managementsystem als Grundlage für „Unternehmensführung 4.0“, Resilienz und Zukunftsfähigkeit

E.1.1 Wer sind wir und was machen wir? „Unternehmenssteckbrief“ mit Finanz-, Ertrags- und Bilanz-Kennzahlen

□ **Unternehmensbeschreibung in Kurzfassung**

GRI 102: ALLGEMEINE ANGABEN 2016

Organisationsprofil

102-1 Name der Organisation

102-2 Aktivitäten, Marken, Produkte, Dienstleistungen

102-3 Hauptsitz der Organisation

102-4 Betriebsstatten

102-5 Eigentumsverhältnisse und Rechtsform

102-6 Belieferte Märkte

102-7 Größe der Organisation

102-8 Informationen zu Angestellten und sonstigen Mitarbeiterinnen und Mitarbeitern

102-9 Lieferkette

102-10 Signifikante Änderungen in der Organisation und ihrer Lieferkette

102-11 Vorsorgeansatz

102-12 Externe Initiativen

102-13 Mitgliedschaften in Verbänden und Interessensgruppen

□ **Finanz-, Ertrags- und Bilanzkennzahlen der N. N. (Firma)**

Beispiel aus der Praxis:

Weiter im e-book.

E.1.2 Erste Definitionen

Was heißt Governance, Risk, Compliance, GRC, Managementsystem und Integriertes GRC-Managementsystem?

Corporate Governance heißt in etwa „Angemessene Interaktion zwischen den Organen [Gesellschafter, Leitung (Vorstand / Geschäftsführer) und Aufsichtsgremium (Aufsichtsrat / Beirat)] sowie ordnungsgemäße Unternehmensführung und -überwachung“.[20]

Governance ist mehr als Management:

Governance soll auch gesellschaftliche Verantwortung (Corporate Social Responsibility (CSR) mit ökonomischer, sozialer und ökologischer Nachhaltigkeit) und Integrität / Ethik umfassen.[21]

Risikomanagement beschäftigt sich mit Unsicherheiten bei Entscheidungen und Zielerreichung. Es hilft, Gefahren (und Chancen) zu identifizieren, zu bewerten und zu steuern.

Compliance bedeutet pflichtgemäßes Verhalten in Hinblick auf allgemein verbindliche Regeln (Gesetze, Rechtsprechung), aber auch in Hinblick auf für verbindlich erklärte (interne) Vorgaben [z.B. Regelungen aus dem „Code of Conduct“ (unternehmensspezifische Verhaltensregelungen) oder Anstellungsvertrag].

Governance, Risk und Compliance „zusammen“, also **„GRC“** ist u.U. etwas anderes als die Summe dieser drei Komponenten. Eine Legal-Definition gibt es hier nicht. GRC könnte (leider etwas komplex) mit „Integre, nachhaltige, complianceorientierte und risikobasierte Interaktion der Organe und Unternehmensführung und -überwachung“ übersetzt werden.

Die Begründung, weshalb Governance compliance-orientiert sein muss: Compliance bildet generell den rechtlichen, zwingenden Rahmen für unternehmerisches Handeln.

Risikobasiert muss Unternehmensführung sein, weil andernfalls nicht wie ein „gewissenhafter“ Unternehmer, Vorstand, Geschäftsführer agiert werden würde: Gefahren (und Chancen) zu identifizieren, bewerten und steuern, ist Voraussetzung für die Erreichung der Ziele.

Nachhaltigkeit könnte mit *„bei Fortschritt bewahrend ausgerichtetes Entscheiden und Handeln“* beschrieben werden.

Ein **Managementsystem** besteht aus Komponenten[22], wie Aufbau- und Ablauforganisation mit dem Zweck, eine Organisation bei Entscheidungen, Zielsetzung und Planung,

---

[20] Vgl. *Scherer/Fruth* (Hrsg.), Governance-Management Band I, 2014, S. 9 und Band II, 2015, S. 30, sowie *Scherer*, Good Governance und ganzheitliches strategisches und operatives Management: Die Anreichung des „unternehmerischen Bauchgefühls“ mit Risiko-, Chancen- und Compliancemanagement, Corporate Compliance Zeitschrift (CCZ), 6/2012, S. 201.

[21] Vgl. ISO 37000:2021 (Governance of Organizations)

[22] Zuständigkeiten, Aufgaben- und Verantwortungsbereiche, beispielsweise abgebildet in Organigrammen, Stellenbeschreibungen, etc. sowie Prozessabläufe, Delegationen und Interaktionen.

Umsetzung sowie Steuerung und Überwachung zur Erreichung zwingender und fakultativ gesetzter Ziele zu unterstützen.

In diesem Bericht wird das Managementsystem der N. N. (Firma), das mehrere Unternehmensfunktionen (z.B. Risiko-, Qualitäts-, Umwelt-, Arbeitssicherheits- und Compliancemanagement) digitalisiert und integriert, **„Digitalisiertes Integriertes GRC-Managementsystem** genannt.

Wie viele Managementsysteme gibt es im Unternehmen?

In der Praxis herrscht z. T. der Irrglaube vor, es gäbe im Unternehmen Raum für eine beliebige Vielzahl von Managementsystemen. Auch in diversen ISO-Standards wird bei der Definition von „Managementsystem" festgestellt, dass es sich auf alle oder einzelne Themenbereiche (z.B. Compliance, QM, Umwelt, etc.) beziehen kann.

Genährt wird dieser alle Manager und Mitarbeiter abschreckende oder frustrierende Gedanke durch die „Erfindung" ständig neuer „Managementsysteme".

Positiv ist die großzügige Überschneidung dieser Standards, so dass beispielsweise die Implementierung der Anforderungen an QM, Umwelt- und Arbeitssicherheitsmanagement bereits einem Großteil des Integrierten Risiko-Managementsystems abdecken mag.

Die bereits vorhandenen, aber in diversen „Ablagen" verstreuten Komponenten müssten zunächst gesucht, identifiziert und strukturiert vernetzt in die Prozesse / (Ablauf-) Organisation eingebaut werden.

Die Rolle der IT-Lösungen für Managementsysteme

Die IT spielt hier zunächst nur eine sekundäre Rolle, wenngleich die Bedeutung der IT aufgrund der Digitalisierung als „zentrales Nervensystem" überproportional wächst. Insofern ist zunächst ein Gesamtkonzept für die unternehmensweite IT-Infrastruktur zu schaffen, das diverse Systeme oder Insellösungen verbindet. Für große Unternehmen eignet sich beispielsweise SAP mit Schnittstellen für zahlreiche Spezial-Systeme, für kleine nicht unbedingt[23]: Wichtigste Voraussetzung für Mehrwert ist die konsequente „Fütterung" und Pflege des Systems und die einfache Handhabbarkeit für alle Mitarbeiter.

---

[23] Hier gibt es diverse Anbieter, bzw. Produkte (auch internetbasierte, mit und ohne Cloud-Lösung und z.T. frei verfügbar), z.B. „ADO GRC"„Pro Alpha", „AMS", „Navision", etc.

Das Unternehmensflugschiff

Die diversen zu digitalisierenden und mit GRC-Komponenten anzureichernden (Prozess-) Themenfelder einer Organisation (Führungs-, Kern- und Unterstützungsprozessthemenfelder) lassen sich bildhaft mit einem „Unternehmensflugschiff“ darstellen:

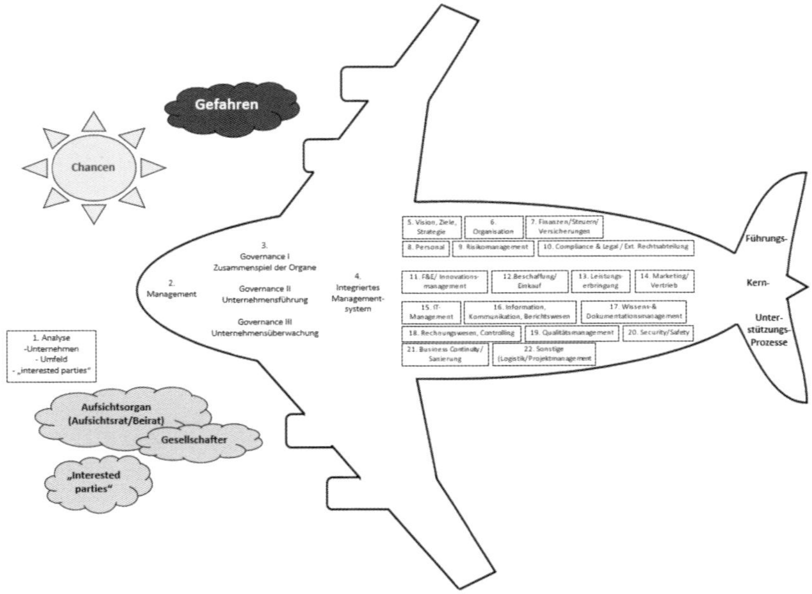

Abbildung 3: Das Unternehmensflugschiff und die vom hier dargestellten digitalisierten Integrierten GRC-Managementsystem behandelten Felder: Alle! Vgl. hierzu auch ÖNORM 4901 ff.:2020 (Risiko-Managementsystem), Anhang: Dort ist das „Unternehmensflugschiff“ abgebildet und kommentiert.

Das **„Unternehmensflugschiff“** des „Ordentlichen Kaufmanns 4.0“ fliegt mithilfe von **Governance (Ziele setzen, planen, umsetzen, steuern, überwachen)** durch die raue Welt des Wirtschaftslebens.

Das **„Compliance-Cockpit“** zeigt Pilot und Crew die **rechtlichen Grenzen / Rahmenbedingungen** und (kreative) Möglichkeiten zur Erfüllung der vielfältigen Anforderungen auf: In bestimmten Hoheitsgebieten / Korridoren darf das Flugschiff sich nicht bewegen!

Der **„Risikomanagement-Radar“** zeigt **Chancen** (günstige Luftströmungen und Kurse [Trends]) **und Gefahren** (nahende Stürme oder Wettbewerber auf Kollisionskurs) auf und hilft, **durch (kreative) Lösungen** zur Steuerung der (Compliance-) Risiken **die Zielerreichung sicherzustellen.**

GRC ist „Ziel-führend“![24]

[24] Vgl. den Slogan einer Bank: *„Wir machen den Weg frei!“* (P.S.: Ist es für Sie ungewöhnlich, dass das Flugzeug von rechts nach links fliegt? Warum?).

E.1.3 Tempora mutantur: Trends

„Tempora mutantur, nos et debemur mutare in illis“: Die Zeiten ändern sich und wir müssen uns mit ihnen ändern.

Die aktuellen (Mega-) Trends bringen viele neue Anforderungen, Gefahren, aber auch Chancen: Mit „business as usual“ ist das Ziel „nachhaltige Existenzsicherung“ kaum zu erreichen.

Governance, Risk und Compliance soll zum einen helfen, durch Prophylaxe den Eintritt von Zielabweichungen oder Pflichtverletzungen, Schadens- und Haftungsfällen zu vermeiden. Zum anderen sollen eingetretene Zielabweichungen oder Pflichtverstöße frühzeitig erkannt und bewertet und es muss angemessen darauf reagiert werden.

E.1.4 Motivatoren für Digitalisierung, Nachhaltigkeit und Einführung eines digitalisierten Integrierten GRC-Managementsystems

- ☐ Intrinsische Motivation der Leitung und/oder Aufsichtsgremium, um die Existenz nachhaltig zu sichern (strategische Bedeutung) und die Zielerreichung zu fördern
- ☐ „Wunsch“ nach Struktur, Transparenz, Effektivität und Effizienz
- ☐ Sonstiges?

Systemische Probleme erkennen und beheben!

In vielen Unternehmen werden enorme **Ressourcen (Zeit / Geld / Nerven) verschwendet, um lediglich Symptome (Problemfälle) zu kurieren. Es ist sinnvoller, rechtzeitig in Prophylaxe zu investieren.**

Das „Neue“ an Governance, Risiko- und Compliancemanagement (GRC) ist, dass nicht – wie früher üblich – nur gelöscht wird, wenn es brennt und dann (reaktiv!) gewartet wird, bis es wieder brennt.

GRC kümmert sich gleich nach dem Brand um Brandschutz, damit es nicht nochmal brennt. Oder noch viel besser: Gleich, bevor es überhaupt brennt, sorgt es prophylaktisch für Brandschutz. Und:

Ein funktionierendes „Brandschutzsystem“ (der Nachweis, dass gesetzliche, behördliche und interested-parties (z. B. Kunden, Aufsichtsfunktionen, etc.) -Anforderungen erfüllt werden) **ist schließlich Voraussetzung für die Erlaubnis und die Fähigkeit, das Unternehmen zu betreiben!**

Digitalisierung, Nachhaltigkeit, Governance, Risk und Compliance heißt, den **Zugang zu Markt und Kunden und unternehmerische Tätigkeit an sich zu ermöglichen,** also resilient und zukunftsfähig zu sein.

Unser „klassisches und neues Geschäftsmodell"

Fast jede Organisation hat ein individuelles Geschäftsmodell, also auch individuelle Geschäftsprozess-Abläufe („Kernprozesse").

Die nachfolgende Abbildung zeigt als Modell (!), wie ein standardisierter Kernprozess (nach ISO 9001:2015) in Anlehnung an BPMN 2.0 modelliert werden könnte. Der Abschnitt ganz unten (Swimlane „IT-Systeme") soll zeigen, dass bei Durchführung der einzelnen Prozessschritte diverse IT-Systeme zum Einsatz kommen.

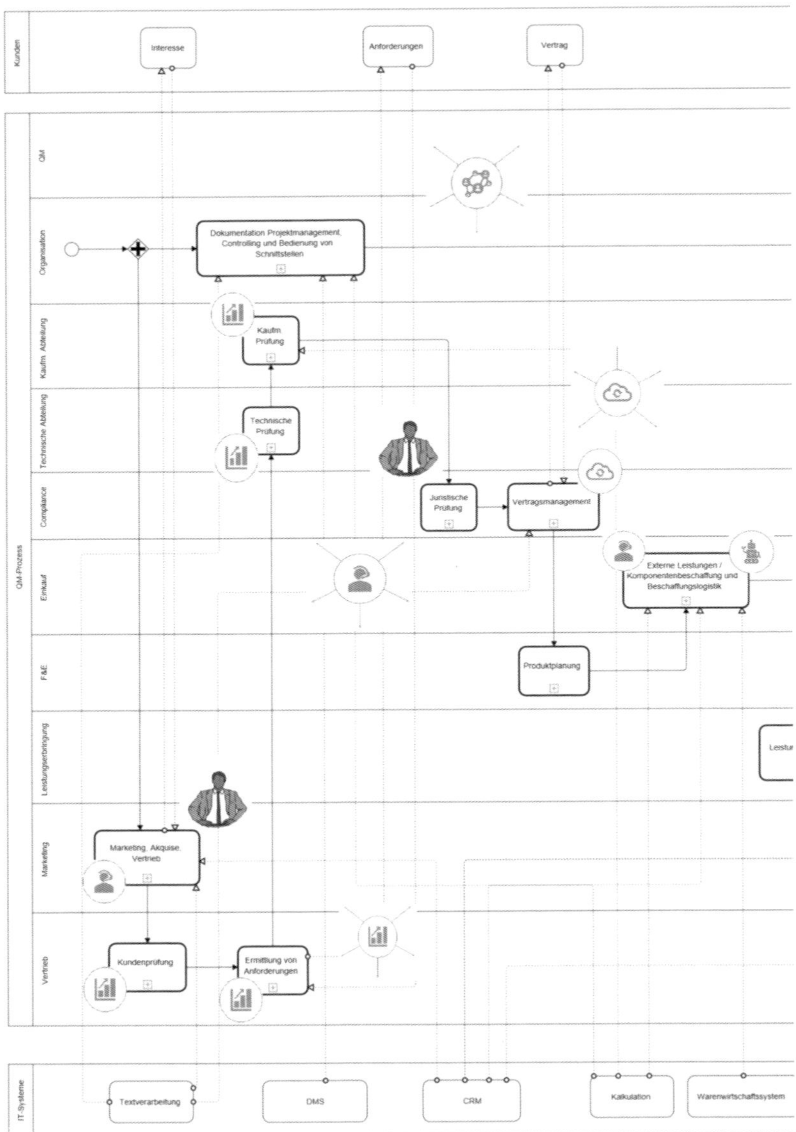

Abbildung 4: Hauptprozess-Strang, in dem Menschen, Roboter, KI, etc. zum Einsatz kommen.

In den modellierten, teil-automatisierten (Einkaufs-, Leistungserstellungs-, Vertriebs-, Personal-, etc.-) Prozessen sorgen integrierte Kontrollen **(Internes Kontrollsystem-IKS)**, Risiko- und Compliance-„Steckbriefe“ für Prozesstreue.

Die Prozesstreue kann dadurch künftig überwiegend in Echtzeit per Knopfdruck („remote“) überprüft werden und **erspart viel Zeit, Nerven und Geld** durch Reduzierung der Überwachungsaktivitäten durch Menschen.[25]

Über ein **GRC-Tool**, das die **modellierten Prozesse mit den diversen Komponenten**, Rollen, Verantwortlichkeiten, Ressourcen, Dokumenten, etc. **in einem „Repository“ (Datenraum) verknüpft** und **via „Human Workflows“ die prozessverantwortlichen Mitarbeiter zur Prozesstreue anhält**, lässt sich das „digitalisierte Integrierte GRC-Managementsystem“, das all diese Anforderungen erfüllt und die Zielerreichung steuert, darstellen.

In softwaregestützten Systemen ist hier vor allem auf den integrierten und auf Basis eines wiederverwendbaren Grundkatalogs (Repository) durchführbaren Betrieb der folgenden Themen zu achten:[26]

- ☐ Prozessdokumentation und -management (QM)
- ☐ Prozessausführung (Workflows)
- ☐ Risiko-, Kontroll- und Compliancemanagement (GRC)
- ☐ Verwaltung der damit einhergehenden zentralen Ressourcen wie Rollen, IT-Systeme und Dokumente

Die **meisten unternehmerischen Aktivitäten laufen als Prozesse ab**.

Diese werden auch künftig zum (wesentlichen) Teil noch von Menschen ausgeführt.

Auch, um **auf der „Prozessebene“** das „Richtige richtig zu tun“, ist für Management und Mitarbeiter die angemessene Einstellung auf der kognitiven und emotionalen Ebene enorm wichtig (vgl. Punkt 7.2):

Tone from the top, Kultur, Awareness, Kompetenzen, Motivation u.v.m…

Erst dann kann eine Ablauforganisation „wirksam“ („gelebt“) werden.

---

[25] *Scherer*, Die „Welt(en) der Überwacher“: Enormes Potenzial für Effektivität, Effizienz und Wertbeiträge bei Governance, Risk & Compliance (GRC), FIRM-Jahrbuch 2017, S. 79 ff., zum kostenlosen Download unter https://www.scherer-grc.net/publikationen/firm-jahrbuch-2017---prof-dr-josef-scherer

[26] Einen vielversprechenden Ansatz hierzu können Sie sich in den folgenden Webinaren ansehen: Zum Thema Prozesse und GRC: https://knowledge.boc-group.com/de/webinars/integriertes-risiko-und-kontrollmanagement-wie-ihr-gpm-und-grc-voneinander-profitieren-koennen/
Zum Thema Prozesse und Workflows:
https://knowledge.boc-group.com/de/webinars/bpm-workflows-digitalisierung-optimierung-automatisierung/

Anforderungen an Governance-Strukturen des „Ordentlichen Kaufmanns“[27] und seine Organisation[28]

Werke wie „Der Kaufmann von Venedig“ von William Shakespeare[29] oder „Die Buddenbrooks“ von Thomas Mann[30] beschreiben den im Mittelalter zunächst in Italien und später auch in Nordeuropa (z.B. bei der Hanse) geprägten Unternehmer-Typen:

Er vereinte stets theoretische und praktische Fähigkeiten bzgl. wirtschaftlicher und betrieblicher Prozesse, um Anforderungen und Ziele diverser Interessensgruppen zu erfüllen, mit (Charakter-) Eigenschaften wie Vertrauenswürdigkeit, Organisationstalent, Ehrlichkeit, Zuverlässigkeit, Gewissenhaftigkeit, Fleiß, Mut und Integrität.

Die derzeitigen Megatrends[31] „Digitalisierung, Nachhaltigkeit, Regulierung (Governance-, Risiko- und Compliancemanagement („GRC“)) und Fachkräftemangel“ stellen hohe neue Anforderungen.

Unter anderem muss der „Ordentliche Kaufmann 4.0“ über eine angemessene strategische **digitale Kompetenz** verfügen, Trends frühzeitig erkennen und angemessen darauf reagieren-

Trends: Compliancemanagement: „Eine neue Ära bricht an“

Aufgrund einiger prominenter Fälle spricht sich mittlerweile sehr schnell herum, dass vieles, was früher noch toleriert oder nicht konsequent verfolgt wurde, nun jedoch empfindlich geahndet wird.

Relevante Standards[32]:

Auf internationaler Ebene (ISO) und auf deutscher Ebene über die DIN werden derzeit die Standards ISO 37000 Governance of Organizations, ISO 37001 Anti-Korruptions-Managementsystem, ISO 37002 Whistleblowing-Managementsystem, ISO 37301 Compliance-Managementsystem, ISO 37003 Anti-Fraud Controls neu entstehen bzw. überarbeitet.[33]

---

27 Der „Ordentliche Kaufmann“ steht synonym für eine gewissenhafte Führungskraft, auch in öffentlich-rechtlichen („public“) und nicht gewinnorientierten („non-profit“) Organisationen.

28 Vgl. *Scherer*, Das interessiert Kapitalgeber: Antifragilität und der „Achilleskörper“ des Ordentlichen Kaufmanns, 2019, zum kostenlosen Download auf www.scherer-grc.net/publikationen.

29 *Shakespeare*, Der Kaufmann von Venedig (1600) (auch verfilmt).

30 *Mann*, Die Buddenbrooks (1901) (auch verfilmt).

31 Vgl. *Boes/Kämpf*, Arbeiten im Globalen Informationsraum, Bundesministerium für Arbeit und Soziales, in Werkheft 01 Digitalisierung der Arbeitswelt (2016), S. 22 ff.,

32 Vgl. auch das Gesetzgebungsverfahren *„Gesetz zur Förderung der Integrität in der Wirtschaft“* sowie auf europäischer Ebene zum Schutz von „Whistle Blower“.

33 Der Verfasser ist als „Experte“ Mitglied des dafür zuständigen Normenausschusses (NA) 175 (Governance of Organizations).

Trends: Risikomanagement: „High risk, no fun!“

Bereits Anfang der 2000er-Jahre tauchten die ersten Gerichtsentscheidungen gegen Geschäftsleitungen mit dem Vorwurf der unterlassenen Einrichtung eines Risiko-Managementsystems auf:

Fall: „Haftung wegen unterlassener Einrichtung eines Risiko-Managementsystems“

Am 08.07.2004 urteilte das Verwaltungsgericht Frankfurt am Main,[34] die Bundesanstalt für Finanzdienstleistungsaufsicht (BaFin) habe rechtmäßigerweise vom Aufsichtsrat verlangt, er müsse den Vorstand eines Versicherungsunternehmens abberufen, was auch befolgt wurde. Das Verwaltungsgericht berief sich u. a. darauf, dass der Vorstand es unterlassen hatte, ein Risiko-Managementsystem einzurichten.

Relevante Standards:

Derzeit erarbeitet die Austrian Standards International eine auf der ISO 31000:2018 beruhende zertifizierbare ÖNORM 4901 ff. zum Risiko-Managementsystem.[35]

Der IDW PS 340 (Risikofrüherkennungssystem) wurde 2020 neu gefasst und wird künftig von Wirtschaftsprüfern bei Abschlussprüfungen herangezogen: Unter anderem verlangt der Standard jetzt die Quantifizierung und Aggregation von Risiken.

Trends: Haftung von Führungskräften und Reputationsschäden

Die „gefühlte“ **Verschärfung von Haftungs- und Sanktionsgefahren** für Vorstände, Geschäftsführer, Aufsichtsräte, Führungskräfte und sogar Gesellschafter mit dem Vorwurf, pflichtwidrig gehandelt zu haben, **ist objektiv messbar:**

Im 10-Jahreszeitraum 1986-1995 gab es genauso viele Urteile zur Haftung von Führungskräften, wie in den letzten 100 Jahren zuvor.

Für die nachfolgenden 10-Jahreszeiträume 1996-2005 und 2006-2015 wurde eine nochmalige Verdoppelung gemessen bzw. geschätzt!

Sogar der im Großen und Ganzen pflichtbewusst Agierende sieht sich nicht nur mit zivilrechtlichen Risiken, sondern auch der Gefahr der Strafbarkeit immer häufiger bedroht.[36]

Kennen Sie Zeitfresser?[37]

Studie: Unternehmer beschäftigen sich im Schnitt zu 80% ihrer Zeit mit der Lösung (unnötiger) Probleme.

Nur der Rest (20%) bleibt für Themen wie Strategie, Planung und Innovation.

---

[34] *Romeike*, Rechtliche Grundlagen des Risikomanagements, 1. Auflage 2008, S. V.

[35] Der Verfasser ist als „Experte“ Mitglied der einschlägigen Arbeitsgruppe 252.017 bei Austrian Standards International.

[36] Vgl. auch *Scherer/Fruth* (Hrsg.), Governance-Management, Band 1, 2014, Kap. 1.3., S. 80 unter Verweis auf *Ilhas.*

[37] Vgl. Porter / *Nohria*, How CEO's manage time, 2018 (im Internet verfügbar).

„Verkehrtes Pareto-Prinzip“

Unternehmen, Manager und Mitarbeiter stoßen auf neue Herausforderungen bei ihrer täglichen Arbeit

Daraus erwächst auch das gemeinsame **Bedürfnis** der Betroffenen **nach passenden Tools**, die Management und Mitarbeiter zugleich unterstützen, ihre Aufgaben rechtssicher zu erfüllen: **Prozesse, die auch die Wirksamkeit (das „Gelebt werden“) von Compliance und Qualität sicherstellen.**

Ein „Hemmschuh“: Geringer Reifegrad bei Digitalisierung von Prozessen

Häufig wird der **Unternehmensalltag** noch durch E-Mails, Excel-Tabellen und mit MS-Office bestritten. Die Prozesse sind oft nicht dokumentiert oder nicht aktuell, beziehungsweise nicht nachverfolgbar.

Bei **Prozessanpassungen** müssen teure IT Spezialisten erst mal die Zeit finden, um die Unternehmen zu unterstützen. E-Mails werden nach Gießkannenprinzip an alle verteilt, so dass jeder in einer E-Mail Flut versinkt. Sofern Prozesse existieren, sind diese nicht ausreichend mit Governance-, Risk-, oder Compliance-Komponenten angereichert.

Mit (teil-) automatisierten Prozessen dagegen wird der Mensch und Mitarbeiter durch den Prozess geführt und damit zur Zeit-, Rechts- und Systemtreue angehalten. Dadurch könnten auch viele Probleme vermieden werden, die durch die **Fehleranfälligkeit menschlichen Denkens, Entscheidens und Handelns** entsteht:

Wirtschaftsnobelpreis[38] für Richard Thaler: Abschied vom homo oeconomicus: Der Nachweis der Unvernunft

Richard Thaler[39] bewies, dass der Mensch sowohl im Privat-, wie auch im Berufsleben eher unvernünftig agiert.

Dies zeigt sich auch daran, dass lediglich der Erlass immer neuer Regelungen nicht mehr (Rechts-) Sicherheit bringt. Regelungen (und sonstige – ausufernde – Bürokratie) gibt es meist schon ausreichend.

„Je verdorbener der Staat, desto mehr Gesetze hat er."

(Tacitus, 58 - 120, römischer Historiker und Senator, Annalen III, 27)

Technischer Fortschritt in Kombination mit menschlichen Fehleranfälligkeiten: Compliance-Verstöße und Risiken / Problemfälle haben meist mit Menschen zu tun!

Die (wahren) Probleme entstehen, weil Regeln häufig eben nicht gekannt und / oder befolgt werden.[40]

Begriffe wie „Datenschutz“ oder „(technische oder Informations-) Sicherheit“ sind aus diesem Grunde nur relativ.[41]

---

[38] Am 09.10.2017.

[39] *Thaler,* Nudge, 2008

[40] *Scherer / Fruth* (Hrsg.), Governance-Management Band I, 2015, S. 142 ff.

[41] Vgl. als Platzhalter für die täglichen menschengemachten Katastrophen den *Facebook*-Datenschutzskandal im März 2018 oder die verheerende, von *BP* durch die Explosion der Ölplatttform *„Deepwater Horizon“* ausgelöste Umweltkatastrophe. Den Verantwortlichen wurde hier vom US-Bezirksrichter *Carl Barbier* grobe Fahrlässigkeit und Rücksichtslosigkeit vorgeworfen, vgl. dpa v. 06.09.2014, *PNP*, 06.09.2014, S. 2.

Die **Kunst** bestünde daher **für die Geschäftsleitung** in der Fähigkeit, die **Menschen** (sich selbst und das Personal) **ausreichend zu vernünftigem Handeln zu motivieren.** Dafür seien nach oben genannter Theorie aber „nudges“ – kleine Stupse[42] – nötig, um den inneren Schweinehund[43] zu überwinden, der uns das vernünftige Handeln stets ausreden will.

„Homo rationalis“ durch Human Workflow Management

Der Mensch und Mitarbeiter, der gerade eben wegen menschlicher Schwächen auch nicht stets alles weiß und fehleranfällig ist, würde bei standardisierten, (teil-) automatisierten und workflow-geführten Abläufen **Fehler nur noch** machen können, **wenn er bewusst die Prozessvorgaben technisch überwindet** und auch Kontrollen in arglistiger Weise ausschaltet.

Zusammenhang zwischen Governance und Vernunft: Idealerweise deckt sich pflichtgemäßes und risikobewusstes Verhalten mit „vernünftigem Verhalten“

So, wie ein Bauarbeiter heutzutage von selbst und freiwillig Schutzkleidung (Helm / Sicherheitsschuhe / etc.) trägt und auf Alkohol auf der Baustelle verzichtet.

Oder ein Autofahrer sich angurtet.

Oder vor der Vergabe von Aufträgen die Vertragspartner (Lieferanten) „gecheckt“ werden in Hinblick auf Compliance, Qualität, Risiko, Nachhaltigkeit, etc. ....

Oder vor dem Start größerer Projekte deren Risiken fachmännisch und systematisch bewertet werden und erst dann auf Basis dieser Informationen über die Durchführung entschieden wird.

Das war – zum Teil – früher anders!

Die letzten Jahre hat sich da viel verändert! Fallen Ihnen weitere (positive?) Beispiele ein?

---

[42] Beispiel: Sicherheitsgut: Als die Gurtpflicht eingeführt wurde, half auch die Androhung von Bußgeldern für „Gurtmuffel“ wenig. Trotz Kenntnis, dass der Sicherheitsgurt bei Unfällen Lebensretter ist, fanden die – nicht rational programmierten – Menschen bizarre Rechtfertigungen für die Weigerung, gewohnte Muster zu verlassen: „Wenns brennt und der Gurt hält mich fest?“ (Wahrscheinlichkeitsrechnung!) oder: „Ich fühle mich so eingeengt...“. Erst als findige Techniker den penetranten Piepston entwickelten, der erst endet, wenn der Gurt dran ist (ein sehr wirkungsvoller Stups!), gaben die Vernunft-Verweigerer auf. Wie oft müsste es in den Unternehmen bei unvernünftigem Handeln piepsen? Oder sorgt „Industrie 4.0“ für wirksame Alternativen?

[43] Vgl. *von Münchhausen*, So zähmen Sie Ihren inneren Schweinehund, 2006.

E.2 Wie funktioniert Digitalisierung, Nachhaltigkeit und Governance?

Summary

1. Governance bzw. „GRC“ kann als „Klammer“ „Managementsystem-Inseln“ (QM, Risk, Compliance, Informationssicherheit, etc.) unter „einem Dach“ integrieren.
2. Eine Prozessoptimierung erfolgt unter anderem durch den Einbau von Risk-, Compliance-, IKS-, etc.-Komponenten.
3. Erst durch Automatisierung und Umwandlung in ein Human Workflow-Management wird „bloßes Wissensmanagement“ zu lebendigen, „führenden“ Prozessen.

Ziel der folgenden Ausführungen:

Sie sollten darüber informiert sein,

- wieso „Managementsystem-Inseln“ sinnvollerweise integriert werden sollten,
- welche Rolle Prozesse bei Digitalisierung, Nachhaltigkeit und GRC spielen,

und

- was die ersten Schritte bei Planung und Umsetzung des digitalisierten Integrierten GRC-Managementsystems sind.

„Breaking News“ (Fallbeispiele)

Fehlende Prozessbeschreibungen Schuld am Transrapid-Unfall

„[...] 23 Menschen waren ums Leben gekommen, als die Magnetbahn in einen Werkstattwagen raste. [...]
Das Sonderfahrzeug, auf das der Transrapid prallte, sei vom Personal vergessen worden, zudem habe man den Streckenabschnitt mit Sonderfahrzeug nicht wie vorgeschrieben für die Magnetbahn gesperrt [...].“[44]

Das Gericht urteilte, dass fehlende *Verfahrensanweisungen* (!) (Prozessbeschreibungen) die Ursache und damit auch die Vorgesetzten der Fahrdienstleiter verantwortlich für diesen Unfall waren.

---

[44] *dpa*, Transrapid-Unglück aufgeklärt, 19.07.2007, abrufbar unter: https://www.welt.de/politik/article1038837/Transrapid-Unglueck-aufgeklaert.html (letzter Zugriff: 05.06.2020).

Vorschlag („Rohmaterial“) für Ihren Text im Geschäftsbericht

E.2 Wie funktioniert Digitalisierung, Nachhaltigkeit und Governance?

E.2.1 Governance, Risk und Compliance (GRC) als „Klammer“ um die zahlreichen „Managementsystem-Inseln“ und Unternehmensfunktionen

Jedes Managementsystem, z.B. ein Qualitäts-, Risiko-, Compliance-, Umwelt-, Arbeitssicherheits-, Informationssicherheits-, Nachhaltigkeits-, etc.-Managementsystem, kann grundsätzlich aufgrund der entsprechenden Erwähnung in Standards als isoliertes Inselsystem implementiert werden.

Es kann aber aufgrund der vielen redundanten oder analogen Anforderungen der diversen „Insel-Systeme“ auch ein führendes digitalisiertes Integriertes GRC-Managementsystem verschiedene Bereiche wie Risikomanagement, Compliancemanagement, Qualitätsmanagement, Personalmanagement etc. verbinden.

Da die Einhaltung der Grundsätze von Governance [ordnungsgemäßer Unternehmensführung (GoU) und -überwachung (GoÜ)] die Aufgaben der Geschäftsleitung umfassend beinhaltet, kann Governance, angereichert mit den modernen Methoden von Risiko- und Compliancemanagement, als „GRC“-Funktion eine effektive und effiziente Klammerwirkung um sämtliche Unternehmensfunktionen (z.B. QM, Risk, Compliance, Nachhaltigkeit, Einkauf, Vertrieb, Personal, etc.) erzielen.

E.2.2 Prozesse als Rückgrat der Organisation

Das Ziel von „Workflow-Management“ bzw. Digitalisierung ist, sämtliche Tools / Dokumente / Aktionen / etc. einer passenden Stelle im Gesamtworkflow des Unternehmens bzw. seinen Prozessen zuzuordnen bzw. in diese zu integrieren. Damit wird eine „Schattenexistenz“ von Vorgaben, die keiner beachtet, Dokumente, die keiner liest oder Kontrollen, die nicht ausgeführt werden, vermieden.

Eine wesentliche Voraussetzung, um das Digitalisierungspotenzial von Abläufen zu erkennen, ist zunächst die Betrachtung des derzeitigen Ist-Zustandes.

Dann ist – unter Heranziehung von Experten (z. B. Compliance / Recht / Risikomanagement / ...) – zu prüfen, ob der Prozess bereits effektiv, effizient, technisch sicher, rechtssicher, qualitativ, termintreu, risikobasiert, steuerbar, teilautomatisiert, ... ist.

Es besteht die Pflicht, dass Prozesse zum einen den verpflichtenden Anforderungen entsprechen, zum anderen aber auch „gelebt“ werden und damit „wirksam“ sind.

Bei der Modellierung von Geschäftsprozessen ist BPMN 2.0 Stand der Technik.

Unter Berücksichtigung des Kosten-Nutzen-Verhältnisses werden die einzelnen Prozessschritte untersucht, welche mit Digitalisierungs-Tools (teil-) automatisiert oder auch anderweitig unterstützt oder ersetzt werden können.

E.2.3 „Step by Step“: Die ersten Schritte bei Einführung eines digitalisierten Integrierten GRC-Managementsystems

Es ist darauf zu achten, dass Digitalisierung, Nachhaltigkeit und GRC im Integrierten GRC-Managementsystem konzeptionell und „ganzheitlich“ („aus einem Guss“) eingeführt werden.

Reiner Aktivismus hat oft gegenläufige, nicht harmonisierende Abläufe und Systembrüche zur Folge.

Weiter im e-book.

Was sind Prozesse?

Vgl. Anlage 7: Der Reifegrad des Prozessmanagements als Basis für eine Digitalisierungsstrategie

Beispiel aus der Praxis zur Integration von „Insel-Managementsystemen“ in ein integriertes Managementsystem

Weiter im e-book.

E.3 Wertbeiträge von Digitalisierung, Nachhaltigkeit und „Unternehmensführung 4.0“ (GRC)

Summary

1. Der Wertbeitrag von Digitalisierung, Nachhaltigkeit und Governance besteht nicht nur aus Enthaftung und Vermeidung möglicher Schadens- und Haftungsfälle.

2. Digitalisierung, Nachhaltigkeit *und* GRC sind *strategische Führungsinstrumente*, also „ziel-führend“. Das heißt, GRC ermittelt zum richtigen Zeitpunkt (nicht erst, wenn das „Kind schon in den Brunnen gefallen ist“) (Compliance-) Risiken (und Chancen). Statt aber nur „no go´s“ und „dealbreaker“ aufzuzeigen, macht GRC durch kreative Lösungen / Steuerungen der Risiken den Weg zum Ziel frei.

3. Zugleich wird durch Digitalisierung, Nachhaltigkeit *und* GRC Transparenz und Struktur erzeugt. Das sorgt für Effektivität und Effizienz und reduziert unnötigen Stress!

4. Durch die digitale Optimierung von Abläufen / Methoden kann zugleich auch noch höchst effizient gearbeitet werden.

Ziel der folgenden Ausführungen:

Sie sollten darüber informiert sein,

- welche Unternehmen sich in Krisen resilienter zeigen,
- was Werttreiber im Unternehmen sind,
- was die Wertbeiträge eines digitalisierten Integrierten GRC-Managementsystems sind

und

- welche Governance-Anforderungen Kapitalgeber und sonstige Stakeholder an N.N. (Firma) stellen.

„Breaking News“ (Fallbeispiele)

„NN muss Milliarden zahlen“[45]

Der Erwerb von Monsanto durch die NN AG führte aufgrund des Glyphosat-Skandals und anschließendem Prozess zu Aktienkursverlusten in Milliardenhöhe sowie drohender Strafschadenersatz-Zahlungen.

Im Juni 2020 einigt sich der Konzern mit seinen zahlreichen Klägern: „N.N. legt Glyphosat-Klagewelle mit Vergleich bei – und zahlt 10,9 Milliarden US-Dollar“[46]

Angemessene Entscheidungen unter Beachtung von Compliance (Business Judgment Rule) und Risikomanagement *im Vorfeld* (!) verhindern häufig gravierende *Probleme hinterher.*

Vorschlag („Rohmaterial“) für Ihren Text im Geschäftsbericht

Wertbeiträge eines Integrierten GRC-Managementsystems

„Was haben uns die Römer gebracht?“[47]

Die Wertbeiträge von Digitalisierung, Nachhaltigkeit und GRC sind vielfältig und hoch.

Viele gesetzliche Vorschriften, welche über Einzelfall-Judikatur mit zahllosen Beispielen zwingende Regeln in allen Bereichen unternehmerischer Tätigkeit[48] aufstellen, verlangen vom Ordentlichen Kaufmann, Vorstand, Geschäftsführer, Aufsichtsrat, dass er gewissenhaft zu agieren habe (§§ 347 HGB, 43 GmbHG, 93, 116 AktG).

Zahlreiche (inter-)nationale Standards diverser Institutionen (ISO / IDW / DIIR / COSO / OECD / GRI / etc.) versuchen für jeden Unternehmensbereich darzustellen, wie die entsprechenden Abläufe und Komponenten organisiert sein sollten, um zumindest dem „Anerkannten Stand von Wissenschaft und Praxis“ oder dem höheren „Stand der Technik“ zu genügen.[49]

---

[45] *Schuler*, Bayer muss Milliarden zahlen, 14.05.2019, abrufbar unter: https://www.tagesschau.de/wirtschaft/glyphosat-bayer-urteil-103.html (letzter Zugriff: 19.06.2020).

[46] *Kort / Fröndorf,* Bayer legt Glyphosat-Klagewelle mit Vergleich bei – und zahlt 10,9 Milliarden US-Dollar, 24.06.2020. abrufbar unter: https://www.handelsblatt.com/unternehmen/industrie/chemiekonzern-bayer-legt-glyphosat-klagewelle-mit-vergleichbei-und-zahlt-10-9-milliarden-us-dollar/25947178.html?ticket=ST-8902224-UzeglscgWFLTeCGNdkyy-ap6 (letzter Zugriff: 30.06.2020).

[47] Zitat aus „Das Leben des Brian“

[48] Von Unternehmensführung generell, über Risk, Compliance, Strategieentwicklung und Planung, Finanzen, Personal, Einkauf, Vertrieb, IT, QM, Business Continuity, etc.

[49] Vgl. Scherer / Fruth, Der Einfluss von Standards, Technikklauseln und des „Anerkannten Standes von Wissenschaft und Praxis“ auf Organhaftung und Corporate Governance - am Beispiel der ISO 19600 (2015) Compliance-Managementsystem, Corporate Compliance Zeitschrift (CCZ), 1/2015, S. 12 ff..

Aufgrund der bestehenden Rechtslage hat der „Ordentliche Kaufmann" und somit auch N.N. (Firma) bereits jetzt die Pflicht, sich angemessen um Analyse, Bewertung und Ableitung von Steuerungsmaßnahmen bzgl. der disruptiven Entwicklungen bei Digitalisierung, Nachhaltigkeit und GRC zu kümmern, um das oberste Ziel der Organisation, seiner Leitung sowie der meisten seiner Stakeholder (interessierten Gruppen) zu erreichen: Nachhaltige Existenzsicherung und Unternehmenswertsteigerung.

Gerade in Zeiten von disruptiven Veränderungen darf sich kein Unternehmen mehr leisten, „business as usual" zu betreiben, ohne zuvor seine Organisation, das Umfeld und die Anforderungen der interested parties in Bezug auch auf die Megatrends mittels angemessener Risikomanagement-Methoden analysiert, bewertet und erforderlichenfalls Maßnahmen abgeleitet zu haben.

Die abgeleiteten Maßnahmen sorgen für nachhaltige Existenzsicherung, Zukunftsfähigkeit und Resilienz, Kundenzufriedenheit, Rechtssicherheit, finanzielle Entlastung, Struktur, Transparenz und sonstige Wertbeiträge durch ein digitalisiertes Integriertes GRC-Managementsystem.

Antifragilität und nachhaltige Unternehmenswertsteigerung in Zeiten von sich abschwächender Konjunktur und Technologiewechsel durch wirksame Governance (GRC)-Strukturen und digitalisierte Geschäftsprozesse

Nachhaltige und wert(e)-orientierte Investments sind auf dem Finanzmarkt gefragter, denn je. Einige Investoren finanzieren nur noch Unternehmen, die angemessene wirtschaftliche Kennzahlen nachweisen und umfassende Kriterien im sozialen und ökologischen Bereich erfüllen.[50]

Nach der Finanz- und Wirtschaftskrise 2008 war die Wertentwicklung von Unternehmen, die stark auf Nachhaltigkeit ausgerichtet waren, im Schnitt 15 % (!) besser als bei der jeweiligen Branche insgesamt.
Anleger vertrauten in diesem Fall (zu Recht) auf bessere Krisenbewältigungsfähigkeiten und nachhaltigen Erfolg.[51]

Ebenso wird es in und nach den Corona-Zeiten (ab Frühjahr 2020) sein.

Eine entsprechende Resilienz (Widerstandsfähigkeit) könnte gerade in Zeiten von sich abschwächender Konjunktur und Technologiewechsel (z.B. Elektroautos statt Benzin/Diesel-Fahrzeuge, 3D-Druck statt klassischer Herstellung, etc.) überlebenswichtig sein.

[50] *Kirchhoff* in: *Gazdar, Kaevan* et al. (Hrsg.), Erfolgsfaktor Verantwortung, 2006, S. 20.

[51] *O.V., Handelsblatt*: Nachhaltige Investments – Besser durch die Krise, in: Handelsblatt Business Briefing 9/2009, S.2.

Auch in Hinblick auf staatliche Förderprogramme für Unternehmen[52] werden nicht nach „Gießkannenprinzip“ alle Unternehmen, sondern spezielle Branchen/Bereiche (Wasserstoffwirtschaft, Quantentechnologie, künstliche Intelligenz,...) oder nachgewiesenermaßen zukunftsfähige Organisationen gefördert werden.

Antifragilität ist mehr als Resilienz

Resilienz bedeutet in vorliegendem Kontext, dass Organisationen / Unternehmen bei Problemsituationen (Konjunkturabschwung, geänderte Anforderungen und Rahmenbedingungen (z. B. aufgrund der Megatrends)) widerstandsfähig sein sollten, also ohne große Einbußen weiter existieren können.

Antifragilität[53] dagegen heißt, durch „Anstrengungen beim Meistern großer Herausforderungen“ sogar noch stärker als bisher zu werden.

Taleb bringt hierzu eine einprägsame Metapher:

Wenn ein Organismus seine Muskeln und vernetzten Synapsen im Gehirn vor Herausforderungen und Anstrengungen schützen will, indem er solche von ihnen fernhält und dafür längere Zeit bequem auf der Couch liegend in „geistigen Ruhemodus“ schaltet, wird er körperlich und geistig verkümmern. Sogar die Resilienz leidet darunter.

Dagegen werden regelmäßiges Training und das „Meistern von Herausforderungen“ zu kräftigeren Muskeln und einem leistungsfähigeren Gehirn führen.

Auch **Achleitner**, eine Koryphäe im Bereich private equity und investment, ist der Ansicht, dass **„Corporate Governance ein wichtiger Werttreiber“** wird/ist: [54]

„Wenn man sich die Hebel der Wertschöpfung in den vergangenen 30 Jahren anschaut, dann war die Verbesserung der operativen Wertschöpfung der wichtigste. (...) ***„Die operative Wertschöpfung wird die größte Herausforderung für die Unternehmen (...) in Zukunft sein.*** *(...) In den vergangenen Jahren stand Corporate Governance oft unter dem Überwachungsaspekt. Der wertschöpfende Aspekt fehlte dagegen. Es geht um bessere unternehmerische Entscheidungen durch funktionierende und gelebte Governance (...).*

Eine gute Corporate-Governance-Praxis wird ein entscheidender Wettbewerbsfaktor in der Zukunft *(...) aus der Beteiligungspraxis hören sie, dass es* ***Fälle gibt, in denen die Corporate Governance zwei Drittel der Wertsteigerung der Firmen beisteuert.*** *(...)“*

Weiterer Wertbeitrag des digitalisierten Integrierten GRC-Managementsystems: Enthaftende Wirkung für Geschäftsführung, Aufsichtsrat, Management und Mitarbeiter.

---

[52] *O.V.*, Koalitionsausschuss beschließt Marshallplan 2.0, 04.06.2020, abrufbar unter: https://www.bmwi.de/Redaktion/DE/Artikel/Wirtschaft/konjunkturpaket.html (letzter Zugriff: 30.06.2020).

[53] *Taleb*, Antifragilität, 2012; vgl. auch *Taleb*, Skin in the Game, 2018 mit weiteren Denkanstößen: Er ist der Meinung, dass es durchaus sinnvoll wäre, wenn Entscheider, die über große Macht und Verantwortung verfügen, auch ein persönliches Risiko (die „eigene Haut“) mit „im Spiel“ haben müssten: Das wiederum erinnert an den Kaufmann von Venedig mit „ein Pfund Fleisch, zunächst am Herzen des Kaufmanns auszuschneiden“ als Sicherheit für ein Darlehen.

[54] *Achleitner*, TU München, (Entrepreneurial Finance), Handelsblatt, 30.06.2015, S. 28.

Managerenthaftung: Die erste Entscheidung des Bundesgerichtshofs zur enthaftenden Wirkung und zum Nutzen eines (zertifizierten) Compliance-Managementsystems.

In jüngster Zeit bestätigten Rechtsprechung (vgl. die nachfolgend zitierte BGH-Entscheidung) und Gesetzgeber (vgl. z.B. § 153 Abgabenordnung: „Tax Compliance“), die allgemein anzuerkennende Rechtsfigur, dass organisatorische Vorkehrungen zur Vermeidung von Pflichtverstößen u.U. im Einzelfall den Vorwurf vorsätzlichen Handelns entfallen lassen!

Das gibt es in den USA seit den 1980er Jahren: US Sentencing Guidelines

Auch der Gesetzesentwurf des Bundesjustizministeriums (Referentenentwurf: Gesetz zur Förderung der Unternehmensintegrität vom September 2020) zur Unternehmenssanktion bei Compliance-Verstößen geht in diese Richtung.

Erstmalige (!) Rechtsprechung des Bundesgerichtshofes zum Nutzen eines Compliance-Managementsystems

BGH, Urteil vom 09.05.2017 – 1 StR 265/16 (Krauss Maffei Wegmann „KMW“):

In der Einzelfallbetrachtung u.U. enthaftende (!) Wirkung eines

- □ **Zertifizierten (!) Compliance-Managementsystems**
- □ **in Verbindung mit Wahrnehmung der Vorbildfunktion und**
- □ **vertrauensvoller Zusammenarbeit mit kompetenten Compliance-Beauftragten durch die Geschäftsleitung**

Weiter im e-book.

1 Rechtliche Anforderungen an Digitalisierung, Nachhaltigkeit und „Unternehmensführung 4.0“ (GRC)

Geschäftsberichtserstattung:
„Über diesen Nachhaltigkeitsgeschäftsbericht“

Verantwortung:
Zuständigkeit für Überwachung der Einhaltung der rechtlichen Anforderungen des Integrierten GRC-Managementsystems (mit QM, Risk, Compliance, Informationssicherheit,...): Abteilung Recht

Vertretung: (*Externer) Compliance-Officer*

Nachhaltigkeitsberichterstattung nach Standard „*Global Reporting Initiative*“[55] (künftig abgekürzt: GRI):

GRI 419: Sozioökonomische Compliance

GRI 419-1: Einhaltung von Gesetzen und Vorschriften im sozialen und wirtschaften Bereich

Synopsen bzgl. der diversen Standards:

1. Anwendungsbereich

[55] Vgl. Anlage 1: Hintergrundinformationen zur Nachhaltigkeitsberichterstattung.

Summary

1. Digitale Transformation, Nachhaltigkeit, gewissenhafte Unternehmensführung, die Implementierung und der Betrieb eines digitalisierten Integrierten GRC-Managementsystems erfordern die Beachtung diverser rechtlicher Anforderungen.
2. Beispielsweise ist die Einführung eines *wirksamen* Risiko- und Compliance-Managementsystems Pflicht. Ein Qualitäts-Managementsystem ist in gewissen Branchen verpflichtend, in anderen (noch) nicht, kann aber beispielsweise zwingende Kundenanforderung (z.B. in der Automotive-Branche) sein.
3. Ebenso sind für diese Themen angemessene Referenzgrößen, Standards / Leitfäden heranzuziehen, die auch auf N.N. (Firma) anwendbar sind.
4. Ob eine Vorgehensweise korrekt war oder Haftung und sonstige (existenzielle) Probleme auslöst, entscheiden nicht Standards, Wissenschaft, gesetzliche oder behördliche Vorgaben, sondern die „letzte irdische Instanz“: Die Gerichtsbarkeit / Judikative.[56]

Ziel der folgenden Ausführungen:

Sie sollten informiert sein, welchen Anforderungen Managementsysteme zwingend gerecht werden müssen.

„Breaking News“ (Fallbeispiele)

Das „letzte Wort“ hat die Rechtsprechung.

Für Unternehmen gilt bei neuen Sicherheitsstandards kein Bestandsschutz, sodass u.U. die Existenz vieler Unternehmen bedroht ist.

Das Gericht entschied: *„Die neuen Sicherheitsanforderungen stünden im Allgemeinen nicht außer Verhältnis zu den Kosten, die ihre Befolgung den Betreibern der Anlagen verursache.“*[57]

[56] Vgl. jüngst die bahnbrechende Entscheidung des *BVerfG* vom 5.5.2020, die Entscheidungen auf europäischer Ebene und des *Europäischen Gerichtshofes (EuGH)* zu Maßnahmen der *Europäischen Zentralbank (EZB)* als verfassungswidrig bezeichnete.
Der *EuGH* sieht dadurch „die Einheit der Unionsrechtsordnung als gefährdet“ an.

[57] *Niedersächsisches Oberverwaltungsgericht*, „Alte Fahrgeschäfte müssen dem aktuellen Recht entsprechen“, Pressemitteilung vom 05.12.2015, http://www.oberverwaltungsgericht.niedersachsen.de/portal/live.php? navigation_id=22004&article_id=139221&_psmand=134 (letzter Zugriff:10.06.2016) – Vgl. aber auch die Entscheidung des *BGH* zum Trittschallschutz 6/2020, wo lediglich die Einhaltung der Standards zum Zeitpunkt der Erstellung gefordert werden.

„Compliance-Urteil des LG München vom 10.12.2013 (Neubürger)“: Ein Compliance-Managementsystem ist Pflicht.

Pflicht zur rechtssicheren Unternehmensorganisation und Implementierung und Überwachung eines funktionierenden Compliance-Managementsystems (mit zahlreichen Ausführungen zu den rechtlichen Grundlagen eines **Compliance**-Managementsystems).[58]

Vorschlag („Rohmaterial“) für Ihren Text im Geschäftsbericht

1. Rechtliche Anforderungen an Digitalisierung, Nachhaltigkeit und „Unternehmensführung 4.0“ (GRC)

Weiter im e-book.

1.1 Anwendungsbereich der diesem Bericht zugrundgelegten Standards für ein digitalisiertes Integriertes GRC-Managementsystem:

Die Vorgaben / Anforderungen der diesem digitalisierten Integriertem GRC-Managementsystem zugrunde gelegten Standards sind auf N. N. (Firma) anwendbar.

1.2 Rechtliche Grundlagen für Digitalisierung, Nachhaltigkeit und „Unternehmensführung 4.0“ – Vorrang zwingender Anforderungen

Weiter im e-book.

[58] Vgl. *Scherer / Fruth* (Hrsg.), Integriertes Compliance-Managementsystem mit Governance, Risk und Compliance (GRC), 2017, e-book, S.71.

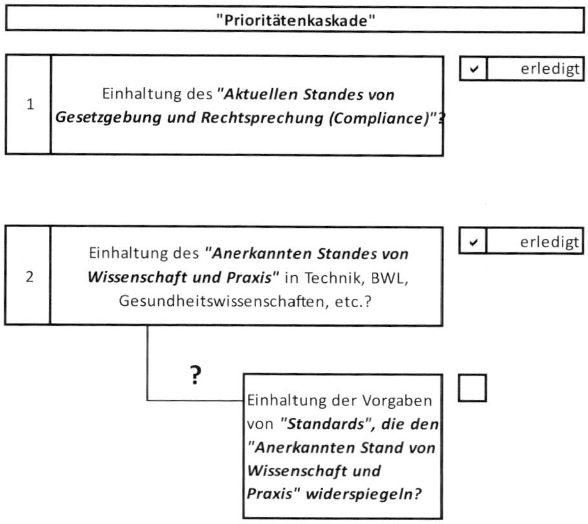

Abbildung 5: Prioritätenkaskade.[59]

1.2.1 Anforderungen an ein digitalisiertes Integriertes GRC-Managementsystem aus Gesetz, Rechtsprechung und sonstiger verbindlicher Regelungen

Aufgrund der **„Legalitätspflicht“ der Geschäftsleitung** und der **Anforderungen an einen „gewissenhaften“ Geschäftsführer, Vorstand, Aufsichtsrat, Kaufmann** (§§ 43 GmbHG, 93, 116 AktG, 347 HGB), etc. sowie der **Pflicht** nach §§ 130, 30 OWiG, **Vorsorge gegen Pflichtverstöße** im Unternehmen zu treffen, **muss** eine entsprechende, angemessene Organisation, die rechtssichere Digitalisierung, Nachhaltigkeit, Unternehmensführung und -überwachung ermöglicht, vorgehalten werden.

Weiter im e-book.

1.2.2 Anforderungen aus dem „Anerkannten Stand von Wissenschaft und Praxis“ und sonstigen Technikklauseln

Der „Anerkannte Stand von Wissenschaft und Praxis“ ist in der Rechtsprechung in der Regel das „Mindestmaß“ für pflichtgemäßes Handeln. Oft wird in Gesetzen, Verträgen, etc. bezüglich IT-Sicherheit, Arbeitsschutz, Datenschutz, etc. der höhere „Stand der Technik“ gefordert.

Weiter im e-book.

[59] Vgl. *Scherer/Fruth* (Hrsg.), Governance-Management, Band 1, 2014, S. 115.

1.2.3 Anforderungen aus Standards und deren Rechtsnatur

Standards sind i.d.R. keine verpflichtenden Vorgaben, sondern **spiegeln** unter Umständen (!) den **„Anerkannten Stand von Wissenschaft und Praxis“** zum Zeitpunkt des Erlasses **wider**. Sie geben Hilfestellung bei der Frage, **wie** der betreffende Bereich konzeptioniert und umgesetzt werden soll.

Nach Ansicht des Vorsitzenden Richters des **1. Strafsenats des BGH** können Standards unter Umständen „strafbarkeitskonstituierende Wirkung“ haben.

Beispiel aus der Praxis: Aktivitäten eines Konzerns im Bereich Digitalisierung

Weiter im e-book.

2 Welche(s) und wieviele Managementsytem(e), Standard(s), Werkzeuge und Methoden für Digitalisierung, Nachhaltigkeit und „Unternehmensführung 4.0" brauchen Manager und Mitarbeiter?

Geschäftsberichtserstattung:

„Über diesen Nachhaltigkeitsgeschäftsbericht"

Verantwortung*:*

Die Verantwortung für das Integrierte GRC-Managementsystem insgesamt sowie für das jeweilige, vom Integrierten GRC-Managementsystem erfassten N.N.-Managementsystem nebst den relevanten Standards, Werkzeugen, Methoden, etc. ist wie folgt verteilt:

Verantwortung für	
Digitalisiertes Integriertes GRC-Managementsystem	*Geschäftsführung: N.N.* *Vertretung: N.N.*
Verantwortung für	
1. Finanz-Managementsystem und Internes Kontrollsystem	*Leitung Finanzen N.N.* *Vertretung: N.N.*
2. Qualitäts-Managementsystem	*Qualitätsmanagement-Beauftragter* *Vertretung: N.N.*
3. Compliance-Managementsystem	*Compliance-Beauftragter* *Vertretung: N.N.*
4. Risiko-Managementsystem	*Risikomanagement-Beauftragter* *Vertretung: N.N.*
5. Personal-Managementsystem	*Leitung Personal* *Vertretung: N.N.*
6. Ressourcen-Managementsystem	*Leitung Öko-Managementsystem* *Vertretung: N.N.*
7. IT-, Digitalisierungs-, Informationssicherheits- und Datenschutz-Managementsystem	*Leitung IT* *Vertretung: N.N.*

Nachhaltigkeitsberichterstattung nach Standard *„Global Reporting Initiative"* (künftig abgekürzt: GRI):

GRI 102: Allgemeine Angaben

GRI 102-55: GRI-Inhaltsindex

Synopsen bzgl. der diversen Standards:

2 Normative Verweisungen

Summary

Welche „Managementsysteme“, Standards (ISO, IDW, COSO, DIIR, etc.), Werkzeuge und Methoden sind für N.N. (Firma) relevant und wie sind sie *angemessen* anzuwenden?

1. Nahezu für jeden Themenbereich einer Organisation eines Unternehmens gibt es „Managementsysteme“ (QM, Risk, Compliance, IKS, Revision, Nachhaltigkeit (CSR), Tax-Compliance, Informationssicherheit (ISMS), Datenschutz, Arbeitssicherheit etc.).

2. Für jedes dieser Managementsysteme gibt es wiederum eine Vielzahl von Standards (ISO, IDW, COSO, DIIR, ÖNORM, etc.), die u.a. für die Ausgestaltung des Managementsystems und für Audit / Zertifizierung / Revision / Testierung als Referenzgröße dienen können.

3. Ebenso gibt es für jeden (Prozess-) Themenbereich zahlreiche Werkzeuge / Methoden.

4. Die Beantwortung der Frage, welches Managementsystem, welcher Standard und welche Werkzeuge / Methoden für welches Unternehmen / für welche Organisation / für welchen Prozessthemenbereich passend sind, sollte nicht dem Bauchgefühl überlassen werden, sondern stellt unternehmerische Entscheidungen (Business Judgment Rule) (§ 93 Abs. 1 AktG) im Zusammenhang mit der Einrichtung, Ausgestaltung und Bewertung des jeweiligen Systems dar.

5. Es ist zunächst zu klären, welches Managementsystem Pflicht ist, welches gewünscht wird [z.B. von interested parties (bspw. Kunden, Aufsichtsrat) der Geschäftsleitung] und welches weder Pflicht noch relevant ist.

6. Dann ist zu entscheiden, ob die relevanten Managementsysteme als „Inselsysteme“ oder als Integriertes Managementsystem ausgestaltet werden sollen.

7. Für Digitalisierung, Nachhaltigkeit und „Unternehmensführung 4.0“ („GRC“) gibt es eine Vielzahl von einzelnen, individuellen, jedoch nicht abgestimmten Standards (mit Ausnahme: Digitalisierung – hier gibt es noch wenig), Management-Systemen, Werkzeugen (Tools) und Methoden.

   Es ist darauf zu achten, dass die jeweils angemessenen Systeme, Standards, Tools und Methoden (u. U. integriert) *richtig* eingesetzt werden.

2. Welche(s) und wieviele Managementsystem(e), Standard(s), Werkzeuge und Methoden für Digitalisierung, Nachhaltigkeit und „Unternehmensführung 4.0“ brauchen Manager und Mitarbeiter?

Ziel der folgenden Ausführungen:

Sie sollten darüber informiert sein,

- welche Anforderungen in Bezug auf Digitalisierung, Nachhaltigkeit und „Unternehmensführung 4.0“ an die Auswahl und den Einsatz von Managementsystemen, Standards sowie Tools und Methoden an N. N. (Firma) gestellt werden,

und

- welche Tools / Methoden an welchen Stellen in den jeweiligen – für Sie relevanten – Projekten und Prozessabläufen angewendet werden.

„Breaking News“ (Fallbeispiele)

„Lagebericht: Unzureichendes Risikomanagement als Hauptursache für Insolvenz“

In dem von einer renommierten Wirtschaftsprüfungsgesellschaft unterzeichnetem Lagebericht für eine vom Verfasser verwaltete Insolvenz heißt es:

„Darstellung der Lage: [...]

Ein ***Hauptgrund ist im fehlenden Risikomanagement zu sehen,*** *was in einer unkontrollierten Häufung zahlreicher und für die Unternehmensgröße in Summe zu viele Unternehmensrisiken führte.“* [60]

Durch ein funktionierendes Risiko-Managementsystem wäre hier großer Schaden vermieden worden:

Ca. 73 Millionen Euro seitens der Gläubiger der Gruppe angemeldete Forderungen, ca. 50 Millionen davon wurden durch den Insolvenzverwalter festgestellt. Über Unternehmensfortführung, übertragende Sanierung, Absonderungen, Verwertung etc. konnten bisher an die Gläubiger ca. 17 Millionen Euro zurückfließen. Der Rest bleibt wohl unwiederbringlich verloren.

---

[60] Vgl. den veröffentlichten Lagebericht der *N.N. Raumexklusiv GmbH* für das Geschäftsjahr vom 1. Januar bis zum 31. Dezember 2012.

Vorschlag („Rohmaterial“) für Ihren Text im Geschäftsbericht

2. Welche(s) und wie viele Managementsystem(e), Standard(s), Werkzeuge und Methoden für Digitalisierung, Nachhaltigkeit und „Unternehmensführung 4.0“ brauchen Manager und Mitarbeiter?

2.1 Standards für ein Digitalisiertes Integriertes GRC-Managementsystem

Für Risiko-, Compliance-, IKS-, Revisions-, Qualitäts-, Nachhaltigkeits-, etc.-Managementsysteme existieren eine Vielzahl von diversen Standards. Für die Verknüpfung von Digitalisierung, Nachhaltigkeit und Unternehmensführung (GRC) mit Strategie, Zielsetzung und (Nachhaltigkeits-) Berichterstattung gibt es mit Ausnahme dieses Leitfadens noch keinen Standard.

2.2 Welche(s) Managementsystem(e) und wieviel(e) Standard(s) brauchen Unternehmensleitung und Aufsichtsrat?

Weiter im e-book.

2.3 Werkzeuge (Tools) und Methoden im digitalisierten Integrierten GRC-Managementsystem

Die relevanten Tools (Werkzeuge / Arbeitshilfen) und Methoden nach „Anerkanntem Stand von Wissenschaft und Praxis“ für Digitalisierung, Nachhaltigkeit und GRC **müssen** bekannt sein und angemessen zur Anwendung gebracht werden.

Weiter im e-book.

3 „Was heißt das denn?“ - Verständliche Begriffe als Basis für Kommunikation und Effektivität

Geschäftsberichtserstattung:

„Glossar“

Verantwortung für Interne / Externe Kommunikation sowie Intra-Wikis:

Leitung Marketing: N.N.
Vertretung: N. N.

Nachhaltigkeitsberichterstattung nach Standard *„Global Reporting Initiative“* (künftig abgekürzt: GRI):

GRI 102-21 Dialog mit Stakeholdern zu ökonomischen, ökologischen und sozialen Themen

Synopsen bzgl. der diversen Standards:

3 Begriffe

Summary

1. Relevante Begriffe und Definitionen für Digitalisierung, Nachhaltigkeit und „Unternehmensführung 4.0“ (GRC) im Integrierten GRC-Managementsystem sollten klar, einfach und verständlich sein.
2. Definitionen sollten dokumentiert und für alle zugänglich sein.
3. Die relevanten Begriffe müssen nicht nur vom Management, sondern auch von den Mitarbeitern verstanden und eingesetzt werden können.
4. Eine angemessene Kommunikation ist die Basis für nachhaltigen Erfolg im Unternehmen.

Ziel der folgenden Ausführungen:

Sie sollten darüber informiert sein,

- welche Definitionen und Begriffe bzgl. Digitalisierung, Nachhaltigkeit und „Unternehmensführung 4.0“ (GRC) im Integrierten GRC-Managementsystem für die Mitarbeiter von N. N. (Firma) wichtig sind,
- welche Bedeutung die einzelnen Begriffe haben und
- warum eine gute Kommunikation die Basis für Effektivität und Effizienz ist.

„Breaking News“ (Fallbeispiele)

Gallup-Studie:

„Schlechte interne Kommunikation lähmt Unternehmen“

3 Hauptgründe für geringe Mitarbeiterzufriedenheit:

- schlechte Arbeitsbedingungen
- schlechte Führungskultur
- *schlechte Führungskommunikation*

Folge: **Demotivation** der Mitarbeiter![61] Umgekehrt: Gute Kommunikation „pusht“!

Vorschlag („Rohmaterial“) für Ihren Text im Geschäftsbericht

3. „Was heißt das denn?“ – Verständliche Begriffe als Basis für Kommunikation und Effektivität

Weiter im e-book.

61 Vgl. *Osmann,* Gallup Studie, http://personalmarketing-nerds.de/gallup-studie-schlechte-interne-kommunikation-laehmt-unternehmen/, 29.10.2018 (letzter Zugriff: 23.06.2020).

4 Analysen von Organisation, Umfeld und Stakeholder-Anforderungen

Geschäftsberichtserstattung:

Über uns: N.N. (Firma)

Verantwortung:

Verantwortung für Analysen (Unternehmens-, Umfeld-, Interested parties-, Stakeholder-, SWOT-, Risiko-Analysen, Beurteilung und Ableitung von Maßnahmen:

Leitung Marketing:

Vertretung: N.N.

Nachhaltigkeitsberichterstattung nach Standard „*Global Reporting Initiative*" (künftig abgekürzt: GRI):

GRI 102-40: Liste der Stakeholder-Gruppen

GRI 102-41 Tarifverträge

GRI 102-42 Ermittlung und Auswahl der Stakeholder

GRI 102-43 Ansatz für die Einbindung von Stakeholdern

GRI 102-44 Wichtige Themen und hervorgebrachte Anliegen

Synopsen bzgl. der diversen Standards:

4.1 Verstehen der Organisation und ihres Kontextes

4.2 Verstehen der Erfordernisse und Erwartungen interessierter Parteien

4.3 Festlegen des Anwendungsbereichs des N.N.-Managementsystems

Summary

1. Megatrends wie Digitalisierung, Nachhaltigkeitsanforderungen, Regulierung, instabile Märkte und Konjunkturen, Fachkräftemangel und Globalisierung stellen N.N. (Firma) vor neue Herausforderungen.
2. Die „interested parties“ / Stakeholder haben alle ähnliche Anforderungen an N. N. (Firma).
3. Zur Ermittlung von Stärken, Schwächen, Gefahren und Chancen stehen N. N. (Firma) Arbeitshilfen / Tools wie die Unternehmens-, Umfeld-, Interested Parties-, SWOT- oder Risiko-Analyse zur Verfügung.
4. Aus dem bewerteten Ergebnis der Analysen lassen sich Vision, Mission, Leitbild, Ziele, Strategie und Unternehmensrahmen mit rechtssicherer Organisation, Kommunikation und Dokumentation ableiten.
5. Ein Soll-Ist-Abgleich zeigt Abweichungen von zwingenden Zielgrößen auf.
6. Es sind insbesondere Maßnahmen im Bereich Digitalisierung, Nachhaltigkeit und GRC abzuleiten.
7. Die Geschäftsleitung muss nicht nur die Frage klären, welche „Managementsystem-Inseln“ vom digitalisierten Integrierten GRC-Managementsystem erfasst werden sollen/müssen, sondern auch, auf welche (Tochter-) Unternehmen, Betriebsstätten, Abteilungen, Prozesse sich das Integrierte GRC-Managementsystem erstrecken soll/muss.

Ziel der folgenden Ausführungen:

Sie sollten darüber informiert sein,

- was Unternehmens-, Umfeld-, interested parties-, SWOT- und (Compliance-) Risiko-Analyse bedeuten, welche Umfeldentwicklungen / Megatrends völlig neue Anforderungen an „Unternehmensführung 4.0“ stellen,
- was alle Interested Parties von N. N. (Firma) wollen, was Soll-Ist-Vergleich, SWOT- oder (Compliance-) Risiko-Analyse in Hinblick auf Schwächen / Nachholbedarf bei N. N. (Firma) ergeben,
- warum N.N. (Firma) Vision, Ziele und Strategie resilient und zukunftsfähig gestalten sollte
- was unter *„Anwendungsbereich des GRC-Managementsystems“* zu verstehen ist.

„Breaking News“ (Fallbeispiele)

„Auch deutschen Banken drohen rote Zahlen

Deutschlands Banken [...] drohen mittelfristig rote Zahlen. [...]

Steigende Aufwendungen für die Digitalisierung und eine verschärfte Regulierung machten bisherige Sparanstrengungen zunichte *[...].“*[62]

Vorschlag („Rohmaterial“) für Ihren Text im Geschäftsbericht

4. Analysen von Organisation, Umfeld und Stakeholder-Anforderungen des Integrierten GRC-Managementsystems

Weiter im e-book.

4.1 Verstehen einer Organisation und ihres Kontextes

4.1.1 Unternehmensanalyse

Bei N. N. (Firma) wurde eine Analyse der Unternehmenscharakteristika durchgeführt und dokumentiert, um eine Art „Steckbrief des Unternehmens“ zu erstellen. Dies sollte der erste Schritt sein und erst danach folgte die Umfeldanalyse, da erst nach Charakterisierung des Unternehmens klar wird, welche der vielfachen Umfeldentwicklungen für das konkrete Unternehmen relevant sind.

Weiter im e-book.

4.1.2 Umfeldanalyse

Im Rahmen der zukunftsorientierten Strategieentwicklung **muss** regelmäßig eine Umfeldanalyse durchgeführt werden. Sie nimmt idealerweise Stellung zu: Markt (Bedürfnisse, Verhalten, etc.), Branche, Wettbewerb, gesamtwirtschaftlichen, rechtlich-politischen, gesellschaftlichen und wissenschaftlich-technischen und sonstigen relevanten Gegebenheiten und Entwicklungen.

[62] Vgl. *dpa*, Auch deutschen Banken drohen rote Zahlen, in: PNP, 17.12.2019, S. 3.

4.2. Darstellung und Bewertung der Anforderungen der „interessierten Gruppen“ (Organe und „sonstige Stakeholder“)

N. N. (Firma) muss die – auch für das Integrierte GRC-Managementsystem – relevanten interessierten Gruppen und deren Anforderungen bestimmen.

Interessierte Gruppen sind z. B. Organe, wie Geschäftsführung, Gesellschafterversammlung, Aufsichtsorgan oder Sonstige, wie z. B. Arbeitnehmer, Betriebsrat, Kunden, Lieferanten, Behörden (z. B. Gewerbeaufsichtsamt, Zoll, Finanzamt, Staatsanwaltschaft, etc.), Medien.

Weiter im e-book.

4.2.1 Bewertung der Analyseergebnisse und Maßnahmenableitung

Die Anforderungen müssen bewertet und sich daraus ergebende erforderliche Maßnahmen (z.B. für das Integrierte GRC-Managementsystem) umgesetzt werden.

Weiter im e-book.

4.2.2 Ableitung des Unternehmensrahmes aus bewerteter Unternehmens- und Umfeldanalyse mit Anforderungen „interessierter Gruppen“

Der aus bewerteter Analyse abgeleitete Unternehmensrahmen besteht – für das gesamte Unternehmen – aus Unternehmensvision / -zielen / -strategie, Unternehmenspolitik und unternehmensweit vereinheitlichten Organisations-, Kommunikations- und Dokumentationsvorgaben.

Weiter im e-book.

Unsere rechtssichere, effektive und effiziente
Aufbau- und
Ablauforganisation

4.2.2.1 Organisatorischer Rahmen (unternehmensweit)

An dieser Stelle wird unternehmensweit einheitlich vorgegeben, wie die Unternehmensorganisation im konkreten Unternehmen ausgeführt wird:

Beispielsweise sollten Stellenbeschreibungen in einem einheitlichen, unternehmensweit geltenden Muster mit allen (rechtlich) erforderlichen Bestandteilen ausgeführt, Prozessbeschreibungen in einer einheitlich und auf rechtssicheren Vorgaben beruhend, vorgenommen werden.

Relevante Bestandteile eines Konzepts für rechtssichere Unternehmensorganisation **müssen** angemessen vorgehalten werden:

Das Organisationskonzept sollte – nicht abschließend – folgende Komponenten beinhalten, die jede für sich den Anforderungen der Gesetze und Rechtsprechung genügen **muss**:

1. (Den rechtlichen Anforderungen genügende) gesellschaftsrechtlich angemessene Unternehmensstruktur
2. Rechtssichere Organigramme (Unternehmens-, Bereichsorganigramme)
3. Schnittstellenmanagement [Kommunikation und Kooperation der notwendigen Schnittstellen zwischen den einzelnen (Prozess-) Themenbereichen und gegebenenfalls auch zu „Sonstigen“ („interested parties“, vgl. „Industrie 4.0“)
4. Rechtssichere Stellen- und Arbeitsplatzbeschreibungen
5. Rechtssicheres Interaktionsmanagement [rechtssichere Regelung, wie die Organe, Abteilungen, etc. interagieren u.a. in Hinblick auf: Aufgaben- und Verantwortungsbereiche / Vertretung / Stellvertretung / Aufsicht / Weisung / Kommunikation / etc.]
6. Rechtssichere Delegation (durch Auswahl geeigneter Delegationsempfänger, Instruktion und Überwachung – auch Externer)
7. Rechtssichere Prozessbeschreibungen (Verfahrensanweisungen)
8. Wirksame Aufsichts- bzw. Kontrollmechanismen (auch in Hinblick auf GRC-Managementsystem-Anforderungen) – auch, falls Leistungen von Externen erbracht werden (z.B. im Rahmen von outsourcing, z.B. bei Auslagerungen / Belieferung oder Delegation)
9. Implementiertes und wirksames Informations- und Kommunikationsmanagement
10. Implementiertes und wirksames Dokumentationsmanagement
11. Unterstützendes (Integriertes) Managementsystem
12. Angemessene (Personal-) Ressourcen [in Quantität und Qualität (Kompetenzen)]

In vielen Fällen werden von Gesetzgebung oder Rechtsprechung fehlende Dokumentation und / oder unzureichende (Personal-) Ressourcen als grobe Organisationspflichtverletzung mit verschärften Sanktionen (z.B. Beweislastumkehr, sogar bzgl. Ursächlichkeit der Pflichtverletzung für den Schaden) gewertet.

4.2.2.2 Kommunikationsrahmen (unternehmensweit)

Ein einheitlicher unternehmemsweit geltender Kommunikationsrahmen **muss** Aussagen treffen, wer? was? wie? wann? und an wen? („5xW“) kommuniziert. Bei der Kommunikation **muss** interne und externe Kommunikation unterschieden und gesteuert werden.

4.2.2.3 Dokumentationsrahmen (unternehmensweit)

Die Lenkung (Erstellung und weiter Behandlung) von Dokumenten (einheitlichen Formularen / Mustern wie z.B. Muster-Stellenbeschreibung, etc.) und Aufzeichnungen (individuelle Schriftstücke, wie z.B. ein ausgefülltes Formular oder ein Vertrag) muss nach den allgemeinen unternehmensweit geltenden, den rechtlichen Anforderungen genügenden, Grundsätzen erfolgen.

4.2.3 Ziele, Strategie, Politik des Integrierten GRC-Managementsystems

Heruntergebrochen von unternehmensweiter Vision, Mission, Leitbild, Zielsetzung, Unternehmens-Strategie und Planung auf den Bereich digitalisiertes Integriertes GRC-Managementsystem **müssen** verpflichtende und freiwillig beschlossene Management-Ziele und -strategie messbar/nachprüfbar (SMART) dokumentiert, geplant und kommuniziert werden.

Weiter im e-book.

4.3. Anwendungsbereich des Integrierten GRC-Managementsystems

Bei der Festlegung des Anwendungsbereiches ist zu klären, ob das digitalisierte Integrierte GRC-Managementsystem (nicht: der Standard, vgl. dazu oben Pkt. 1.1) nur einzelne Funktionen / Bereiche des jeweiligen Rechtssubjekts (Unternehmen oder Körperschaften) behandelt oder alle: z.B. nur Inlandsgesellschaften oder alle Unternehmen einer „Gruppe“; oder nur einzelne oder alle Integrierten (Prozess-) Themenfelder.

Ordnungsgemäße Unternehmensführung und -überwachung bezieht sich allerdings nicht nur auf einzelne Themenfelder.

Weiter im e-book

4.4. Komponenten unserer Aufbau- und Ablauforganisation – Digitalisierung und Anreicherung der Prozesse

Geschäftsberichtserstattung:

Über uns: Unsere Prozesse

Verantwortung:

Verantwortung für einzelne Komponenten und Anreicherung der Prozesse mit Komponenten zur Erfüllung der diversen Anforderungen:

Leitung Prozessmanagement
sowie die einzelnen Komponenten-Verantwortlichen und Prozesseigner.

Vertretung: Qualitätsmanagement-Beauftragter

Synopsen bzgl. der diversen Standards:

4.4 Das N.N. Managementsystem und seine Prozesse

Summary

1. Es ist zu klären, welche Anforderungen der vom digitalisierten Integrierten GRC-Managementsystem erfassten „Inselsysteme“ redundant oder analog und welche spezifisch/individuell sind.
2. Die Erfüllung dieser diversen Anforderungen wird über eine angemessene Ablauf- und Aufbauorganisation (Managementsystem) sichergestellt.
3. Dazu werden die Führungs-, Kern- und Unterstützungsprozesse mit Komponenten zur Erfüllung der GRC-Anforderungen angereichert und angemessen digitalisiert.

Ziel der folgenden Ausführungen:

Sie sollten darüber informiert sein,

- welche Komponenten in den diversen „Managementsystem-Inseln“ ähnlich (redundant bzw. analog) und welche spezifisch sind

und

- wie die Prozesse mit Komponenten zur Erfüllung der GRC-Anforderungen angereichert werden.

„Breaking News“ (Fallbeispiele)

IT-Projekte

In 70% der Unternehmen scheitern IT-Projekte wegen unterschiedlicher Planungssichten.[63]

Vorschlag („Rohmaterial“) für Ihren Text im Geschäftsbericht

4.4 Komponenten des Integrierten GRC-Managementsystems – Digitalisierung und Anreicherung der Prozesse

Weiter im e-book.

4.4.1 Integrative Elemente aller Managementsysteme

Weiter im e-book.

4.4.2 Die Komponenten des Integrierten GRC-Managementsystems und Anreicherung der Prozesse

Weiter im e-book.

[63] Vgl. *IT Daily, In 70% der Unternehmen scheitern IT-Projekte wegen unterschiedlicher Planungssichten*, https://www.it-daily.net/analysen/7548-studie-belegt-in-70-der-unternehmen-scheitern-it-projekte-wegen-unterschiedlicher-planungssichten (letzter Zugriff: 03.12.2019).

5 Führung und Verpflichtung: Governance, Politik, Rollen und Verantwortlichkeiten

Geschäftsberichtserstattung:

Konsolidierter Corporate Governance Bericht (analog §§ 267b HGB, 243c HGB)

Bericht des Aufsichtsrats

Bericht des Prüfungsausschusses (analog § 107 AktG)

Bericht der Internen Revision

Verantwortung*:*

Abschließende Zuständigkeit für Erstellung / Aktualisierung /Verabschiedung und Umsetzung („Wirksamkeit" (gelebt werden)) dieses Kapitels: N.N. / Vertretung: N.N.

Nachhaltigkeitsberichterstattung nach Standard *„Global Reporting Initiative"* (künftig abgekürzt: GRI):

GRI 102-16 Werte, Grundsätze, Standards und Verhaltensnormen

GRI 102-17 Verfahren zu Beratung und Bedenken in Bezug auf die Ethik

GRI 102-18 Führungsstruktur

GRI 102-19 Delegation von Befugnissen

GRI 102-20 Zuständigkeit auf Vorstandsebene für ökonomische, ökologische und soziale Themen

GRI 102-21 Dialog mit Stakeholdern zu ökonomischen, ökologischen und sozialen Themen

GRI 102-22 Zusammensetzung des höchsten Kontrollorgans und seiner Gremien

GRI 102-23 Vorsitzender des höchsten Kontrollorgans

GRI 102-24 Nominierungs- und Auswahlverfahren für das höchste Kontrollorgan

GRI 102-25 Interessenkonflikte

GRI 102-26 Rolle des höchsten Kontrollorgans bei der Festlegung von Zielen, Werten und Strategien

GRI 102-27 Gesammeltes Wissen des höchsten Kontrollorgans

GRI 102-28 Bewertung der Leistung des höchsten Kontrollorgans

Summary

1. In vielen Organisationen werden enorme Ressourcen in Managementsysteme investiert, ohne dass sich entsprechende Wertbeiträge zeigen. Ursache ist häufig, dass die Leitung (Vorstand / Geschäftsführer / Aufsichtsrat / Top-Management / Vorgesetzte) nicht als entsprechendes Vorbild vorausgeht.

2. Der sogenannte „Tone from the Top“, also die Vorbildfunktion von Geschäftsleitung, Aufsichtsorgan, Gesellschafter sowie Führungskräften in Bezug auf das Integrierte GRC-Managementsystem ist die Basis für die Wirksamkeit (das „gelebt werden“) in allen Bereichen und Prozessen des Unternehmens.

3. Auch die Beachtung der *„Unternehmensinternen Grundsätze“* („Politik“) sowie die Wahrnehmung von Verantwortung für das GRC-Managementsystem durch jeden einzelnen Mitarbeiter sind unverzichtbar.

Ziel der folgenden Ausführungen:

Sie sollten darüber informiert sein,

- was „Führung und Verpflichtung, Governance, Politik, Rollen und Verantwortlichkeiten im Integrierten GRC-Managementsystem“ bei NN (Firma) bedeutet

und

- warum sich jede Führungskraft, aber auch jeder einzelne Mitarbeiter mit Vorbildfunktion um eine *gewissenhafte* Governance-Organisation kümmern sollte.

„Breaking News“ (Fallbeispiel)

Gallup-Studie: Schlechte Führungskultur und -kommunikation lähmt Unternehmen

3 Hauptgründe für geringe Mitarbeiterzufriedenheit:

- schlechte Arbeitsbedingungen
- *schlechte Führungskultur*
- *schlechte Führungskommunikation*

Folge: **Demotivation** der Mitarbeiter[64]. Umgekehrt gilt natürlich auch: Gute Kultur und Kommunikation motiviert und pusht!

[64] Vgl. *Osmann,* Gallup Studie, http://personalmarketing-nerds.de/gallup-studie-schlechte-interne-kommunikation-laehmt-unternehmen/, 29.10.2018 (letzter Zugriff: 23.06.2020*)*.

Konsolidierter Corporate Governance Bericht
(analog §§ 267b, 243c HGB)
der NN (Firma)

Vorschlag („Rohmaterial") für Ihren Text im Geschäftsbericht

5. Führung und Verpflichtung: Governance, Politik, Rollen und Verantwortlichkeiten

5.1 Führung und Verpflichtung des Top Managements

5.1.1 Der „Tone from the Top" und die Kultur

Weiter im e-book.

5.1.2 Corporate Governance

„Corporate Governance" ist noch nicht gesetzlich definiert. Achtung! Hier „bastelt" so mancher eigene Beschreibungen.

In diesem Werk wird unter „(Corporate = Unternehmensbezogene) **Governance"** die **Interaktion** („Zusammenwirken") der Organe (Vorstand / Geschäftsführer), Aufsichtsorgan und Gesellschafter sowie

die Grundsätze ordnungsgemäßer („gewissenhafter") **Unternehmensführung und –überwachung** / -verständnis.

Vgl. hierzu auch den internationalen Standard ISO / DIS 37000 (2020): Guidance for the governance of organizations.[65]

5.1.2.1 Interaktion der Organe

Ein „Interaktionsmanagement" regelt, wie sich die Organe (Geschäftsleitung (Vorstand / Geschäftsführer) / Aufsichtsgremium / Gesellschafter) Aufgaben und Verantwortung untereinander teilen, miteinander kommunizieren, etc.

Weiter im e-book.

[65] Der Verfasser ist als „Experte" Mitglied der dafür verantwortlichen Arbeitsgruppe ISO / TC 309 / WG 1.

5.1.2.2 Ordnungsgemäße „Unternehmensführung 4.0“

Im Rahmen **„Ordnungsgemäßer Unternehmensführung“**

(§§ 91, 93 AktG, 43 GmbHG, 347 HGB,...)

muss die Geschäftsleitung primär die Pflichtaufgaben erfüllen und bei Entscheidungsspielräumen **„angemessen“** unter Anwendung der **Business Judgment Rule** (§ 93 Abs. 1 Satz 2 AktG) entscheiden, um die Unternehmensziele zu erreichen.

Angemessene persönliche[66] und fachliche Kompetenzen, angemessenes Zeitmanagement sowie **Vermeidung von Pflichtverstößen (und Haftung)** sind wesentliche Voraussetzungen, um ein Unternehmen erfolgreich zu führen.

Hier hilft auch ein **„Managersicherheitspaket“,** das sich um **Sicherheit für Mitarbeiter und Manager** kümmert.

5.1.2.3 Steuerung und Überwachung der Unternehmensführung mit dem lines of defense-Modell

Die **„ordnungsgemäße Unternehmensüberwachung“** als Teil von **„Governance“** erfolgt idealerweise durch eine Vielzahl von Steuerungs- und Überwachungsmaßnahmen.

In der Praxis haben sich hier die „lines of defense“ etabliert.

Dazu gehören das Interne Kontrollsystem, Risiko- und Compliancemanagement, Controlling, Qualitätsmanagement, Revision, etc.

Weiter im e-book.

5.2 Unternehmenspolitik (Grundsätze der Unternehmensführung)

Die Politik des digitalisierten Integrierten GRC-Managementsystems

wird aus der Unternehmens-Politik abgeleitet.

Weiter im e-book.

5.3 Rollen, Verantwortlichkeiten und Befugnisse im Integrierten GRC-Managementsystem

Die Organisation des digitalisierten Integrierten GRC-Managementsystems **muss** sich nach den grundsätzlichen (rechtlichen) Vorgaben der Unternehmensorganisation richten und ist Bestandteil der unternehmensweiten Aufbau- und Ablauforganisation.

Weiter im e-book.

---

[66] Vgl. *Berger Karolina,* Das Integrierte GRC-Managementsystem – eine Vorgehensweise in der Bauwirtschaft:„Habitus und der Ordentliche Kaufmann“, Bachelorarbeit an der THD, 2020, S. 80 ff..

5.3.1 Top-Management

Die gesetzlichen Vertreter, Top Management und sonstigen Verantwortlichen **müssen** besondere Vorbildfunktion in Bezug auf das „Leben" des digitalisierten Integrierten GRC-Managementsystems zeigen, vgl. auch oben Pkt. 5.1.

Hier **müssen** auch grundlegende Kompetenzen vorhanden sein, um rechtssicher delegieren zu können. Die einschlägigen Tools und Methoden **müssen** bekannt sein und sachgerechte Anwendung finden.

5.3.2 (Interner / Externer) Beauftragter für das Integrierte GRC-Managementsystem

Der Integrierte GRC-Managementsystem-Beauftragte ist nicht alleine für die Umsetzung und das Leben der Anforderungen des Integrierten GRC-Managementsystems in den diversen Unternehmensbereichen verantwortlich. Diese Aufgabe kommt vielmehr dem einzelnen Mitarbeiter in seinem jeweiligen Pflichten- und Verantwortungsbereich und im Rahmen der Überwachung dessen Vorgesetzten zu.

Weiter im e-book.

5.3.3 Digitalisierungs- und GRC-Management-Komitee

Sofern kein Beauftragter für das Integrierte GRC-Managementsystem vorgesehen ist (oder auch zusätzlich), kann für die Wahrnehmung entsprechender Aufgaben ein Integriertes GRC-Managementsystem-Komitee, das Mitarbeiter aus verschiedenen (Prozess-) Themenbereichen enthält, eingerichtet werden. Hierdurch wird eine interdisziplinäre Sichtweise und Schnittstellenmanagement gefördert.

5.3.4 Vorgesetzte

Die Vorgesetzten in den diversen (Prozess-) Themenbereichen müssen u.a. Verantwortung für das Integrierte GRC-Managementsystem in ihrem jeweiligen Verantwortungsbereich übernehmen, die in den entsprechenden Stellen- und Arbeitsplatzbeschreibungen festgehalten werden sollte.

Weiter im e-book.

5.3.5 Sonstige Mitarbeiter

Jeder Mitarbeiter ist in seinem Verantwortungsbereich auch zugleich „Manager des Integrierten GRC-Managementsystems" bzw. „Risk-Owner", d.h., er **muss** sich pflichtgemäß und risikoorientiert in seinem Verantwortungsbereich verhalten. Dies **muss** von den Vorgesetzten kommuniziert und überwacht werden.

Auch dies sollte in den jeweiligen Stellenbeschreibungen (Schnittstellen-Verantwortung) und Zielvereinbarungsgesprächen sowie Beurteilungen (auch u.U. im Rahmen des Anreiz- und Sanktionssystems) Einfluss finden.

5.3.6 Outsourcing von Digitalisierungs- und GRC-Management-Funktionen

Das Unternehmen kann sich auch dafür entscheiden, **bestimmte Managementtätigkeiten und –funktionen des Integrierten GRC-Managementsystems im Rahmen einer (rechtssicheren) Delegation auf Unternehmensexterne zu delegieren (Outsourcing).**

Weiter im e-book.

5.3.7 Schnittstellenmanagement

Egal, ob das digitalisierte Integrierte GRC-Managementsystem als eigener Bereich oder als Unterfunktion (z.B. von GRC) installiert wird: **Sämtliche Schnittstellen zu den übrigen Funktionen** (Prozessthemenbereiche) des Unternehmens müssen realisiert und u.U. bedient werden.

Weiter im e-book.

Bericht des Aufsichtsrates

Bericht des Prüfungs-ausschusses im Aufsichtsrat (analog § 107 AktG)

Bericht des Gesellschafters

6 Vision, Mission, Ziele, Strategie und Planung von Digitalisierung, Nachhaltigkeit und „Unternehmensführung 4.0“ (Governance)

Geschäftsberichtserstattung:
„Strategie“

Verantwortung*:*
Abschließende Zuständigkeit für Erstellung / Aktualisierung /Verabschiedung und Umsetzung („Wirksamkeit“ (gelebt werden)) dieses Kapitels:

Geschäftsführung: N.N.
Vertretung: N.N.

Nachhaltigkeitsberichterstattung nach Standard „*Global Reporting Initiative*“ (GRI):
GRI 102-14 Erklärung des höchsten Entscheidungsträgers
GRI 102-15 Wichtige Auswirkungen, Risiken und Chancen

Synopsen bzgl. der diversen Standards:
6 Planung
6.1 Maßnahmen zur Umsetzung mit Chancen und Risiken
6.2 (...)-Ziele und Planung zu deren Erreichung

Summary

1. Es weht der „wind of change“. Das erfordert eine Anpassung von Zielen und Strategie.
2. Auch N.N. (Firma) setzt angemessene Ziele.
3. Es gibt zwingende und fakultative Unternehmens-Ziele.
4. Bei Entscheidungsspielräumen muss die Business Judgment Rule angewandt werden.
5. Angemessene Digitalisierung, Nachhaltigkeit und „Unternehmensführung 4.0“ (GRC) sind wichtigste Themen von N.N. (Firma), um das Primärziel, nachhaltige Existenzsicherung, zu erreichen.

Ziel der folgenden Ausführungen:

Sie sollten darüber informiert sein,

- welche Ziele N.N. (Firma) hat,
- welche Ziele zwingend erreicht werden müssen und wie bei Zielen mit Entscheidungsspielräumen die Business Judgment Rule anzuwenden ist,
- warum Digitalisierung, Nachhaltigkeit und GRC zu den Top-Zielen von N.N. (Firma) gehören und
- was Soll-Größen für digitalisierte Prozesse sind.

„Breaking News“ (Fallbeispiel)

Fall: *„Keine Schleckerei: Haften Kinder für ihre Eltern?“ – Abschreckendes Beispiel für persönliche und berufliche Zielverfehlung*

Die Insolvenz des *N. N.*-Konzerns wird u.a. auch als Beispiel für fehlende Unternehmensethik / Integrität als schadensauslösender Faktor herangezogen: Die *„Mitarbeiterbespitzelungs-Affäre“* und weitere Skandale schädigten die Reputation des Unternehmens schwer.[67]

Und - neben der Insolvenz - ein weiterer GAU für einen Unternehmer: Die eigene Familie geriet in die „Mühlen der Justiz“: Sohn und Tochter des Senior-Inhabers wurden vom *BGH* zu Freiheitsstrafen von 2 Jahren und sieben Monaten ohne Bewährung – natürlich nur für eigenes (!) strafbares Handeln im Familienunternehmen - verurteilt![68]

„[...]-Kinder müssen ins Gefängnis [...]. Den beiden Kindern [...] werden Untreue, Insolvenzverschleppung, Bankrott [...] vorgeworfen [...]“[69]

---

[67] Vgl. https://www.manager-magazin.de/unternehmen/artikel/schlecker-prozess-alles-ueber-anton-schlecker-seine-familie-und-seine-pleite-a-1135644.html, 03.03.2017 (letzter Zugriff: 23.05.2019).

[68] Vgl. https://www.spiegel.de/wirtschaft/unternehmen/meike-und-lars-schlecker-von-der-pleite-ins-gefaengnis-a-1264405.html, 25.04.2019 (letzter Zugriff: 23.05.2019).

[69] Vgl. *PNP* vom 26.04.2019, S. 1 und S. 5.

Vorschlag („Rohmaterial") für Ihren Text im Geschäftsbericht

6. Vision, Mission, Ziele, Strategie und Planung von Digitalisierung, Nachhaltigkeit und „Unternehmensführung 4.0" (Governance)

„A failure in planning is like planning a failure"[70]

Vision, Mission, Ziele, Strategie etc. können sachgemäß nur nach Auswertung von Unternehmens-, Umfeld-, „Interested parties"-, (Compliance-)Risiko-, SWOT- und Wesentlichkeits-Analyse entwickelt werden.

Vgl. hierzu oben Kapitel 4.

Bei Management (-system) -Zielen ist die Soll-Größe überwiegend fix, weil sie durch zwingende Anforderungen festgelegt ist.

Eine beliebige Reduzierung der Soll-Größe / des Referenzrahmens ist nicht möglich.

Damit bleibt nur der u.U. etwas aufwändigere Weg, den Ist-Zustand zu verbessern und dem Soll-Zustand anzugleichen.

Den ersten Teil des aus bewerteten Analysen abgeleiteten *Unternehmensrahmens* bilden Unternehmens-vision,

-mission, -leitbild, -ziele,-strategie und -planung.

Die zwingende Verpflichtung der Geschäftsleitung zur kurz-, mittel- und langfristigen Planung[71] **muss** beachtet werden.

6.1 Umgang mit Risiken (Gefahren und Chancen) bzgl. eines digitalisierten Integrierten GRC-Managementsystems

Zunächst **müssen** eruiert / identifiziert und bewertet werden:

- Die diversen unternehmensspezifisch einschlägigen, relevanten und erheblichen Anforderungen und Regelungen für Vision, Mission, Leitbild, Ziele des Unternehmens und des digitalisierten Integrierten GRC-Managementsystems sowie
- Maßnahmen zum Umgang mit Risiken (Gefahren und Chancen), die die Zielerreichung beeinflussen.

[70] Zitat aus "Evil Plans", Star Wars: The Clone Wars, Staffel 3, Episode 8.

[71] Vgl. *Scherer*, Good Governance und ganzheitliches strategisches und operatives Management: Die Anreicherung des „unternehmerischen Bauchgefühls" mit Risiko-, Chancen- und Compliancemanagement, CCZ 2012, S. 201 ff., zum kostenlosen Download auf www.scherer-grc.net/publikationen

6.2 Identifikation und Bewertung von Zielen, Anforderungen und Handlungsbedarf für Maßnahmen zur Erreichung der Ziele

(Risk-, QM-, Compliance-, IKS-, etc.-) Anforderungen an Aufbau- und Ablauforganisation, an Management und Mitarbeiter **müssen** identifiziert und bewertet werden. Diese können sich – nicht abschließend – ergeben aus Gesetzen, Verordnungen, Rechtsprechung, Lizenzen, behördlichen Auflagen, Urteilen, Abkommen, verpflichtenden Standards, Verträgen (z. B. mit Kunden oder Mitarbeitern), internen Richtlinien sowie sonstigen Verpflichtungen. Auch aus der allgemeinen Pflicht, bei unternehmerischer Betätigung zumindest den „Anerkannten Stand von Wissenschaft und Praxis“ zu beachten, ergeben sich diverse Anforderungen an eingesetzte Tools und Methoden sowie Prozessabläufe.

Durch Soll-Ist-Vergleich, Gap-Analyse, Bewertung (Scoring) und Priorisierung **muss** der Handlungsbedarf (ad hoc und kontinuierlich) ermittelt und über die Abarbeitung entschieden sowie diese projektiert und umgesetzt werden.

Ebenso **muss** eruiert, identifiziert und bewertet werden:

- der Handlungsbedarf für Maßnahmen aufgrund der aktuell (und in naher Zukunft) existierenden Anforderungen, um die Ziele (des Unternehmens und des Integrierten GRC-Managementsystems) zu erreichen.

6.3. Die Konzeptionierung von Soll-Zustand, Implementierung, Umsetzung, Überwachung und Verbesserung eines digitalisierten Integrierten GRC-Managementsystems

Die Plan/Do/Check/Act-Methode: Ziele und Planung, Steuerung und Überwachung

Zunächst werden Vision, Mission, Leitbild, Ziele und der zu erzielende Wertbeitrag des unternehmerischen Handelns definiert, die Strategie festgelegt und die Vorgehensweise geplant. Dies lässt sich auch mit strategischer „Planungsphase“ umschreiben und entspricht der Phase „**Plan**“.

Die Umsetzung, Steuerung und Überwachung sorgt mit Identifikation der Ziele, deren Anforderungen und durchzuführenden Maßnahmen, um diese Ziele zu erreichen, sowie mit Aufgabenverwaltung (to-do-Verwaltung), Projektmanagement, etc. für eine plangerechte Umsetzung und stellt z.B. durch Soll-Ist-Vergleiche fest, ob Planabweichungen oder Veränderungen in Umfeld oder Organisation Korrekturmaßnahmen erfordern (welche wiederum geplant und gesteuert werden): **Do, Check, Act**.

6.4. Vision

Definition Vision:

Die Vision stellt einen wünschenswerten Zustand dar.

6.5 Mission und Leitbild

6.5.1 Mission / Purpose

Definition Mission:

Die Mission (aktuell häufig verwendetes Synonym: „Purpose“) definiert den Mehrwert des unternehmerischen Handels für die Gemeinschaft.

6.5.2 Leitbild / Werte

Definition Leitbild:

Das Leitbild beinhaltet Aussagen über Umgang, Auftreten, Benehmen im Unternehmen und mit Dritten.

6.6 Strategie

Definition Strategie:

Die Strategie behandelt die Frage, welcher Weg eingeschlagen werden soll, um das Ziel zu erreichen.

Weiter im e-book.

Nachhaltigkeitsberichterstattung

6.7 Wesentlichkeitsanalyse, Top-Unternehmensziele, Kennzahlen und strategische Maßnahmen

Geschäftsberichtserstattung:

„Konsolidierter nichtfinanzieller Bericht“

Verantwortung*:*

Abschließende Zuständigkeit für Erstellung / Aktualisierung /Verabschiedung und Umsetzung („Wirksamkeit“ (gelebt werden)) dieses Kapitels:

Geschäftsführung: N.N.
Vertretung: N.N.

Nachhaltigkeitsberichterstattung nach Standard „*Global Reporting Initiative*“ (GRI):
Vgl. hierzu die nachfolgenden Kapitel
GRI 103: Managementansatz
GRI 103-1 Erläuterung des wesentlichen Themas und seine Abgrenzung
GRI 103-2 Der Managementansatz und seine Bestandteile
GRI 103-3 Beurteilung des Managementansatzes

Vorschlag („Rohmaterial“) für Ihren Text im Geschäftsbericht

Schwerpunkt des unternehmerischen Handelns ist das Erreichen von Zielen.

Die über eine **Wesentlichkeitsanalyse** entwickelten Top-Ziele der N. N. (Firma):

„1. Nachhaltige Existenzsicherung und Unternehmenswertsteigerung“,

„2. Kundenzufriedenheit“,

„3. Compliance“,

„4. Risikomanagement“,

„5. Strategische Personalentwicklung“,

„6. Ressourcenschonung“,

„7. Digitalisierung“,

werden anschließend als Abteilungsziele bzw. Prozessziele und Mitarbeiterziele heruntergebrochen.

Diese Top-Ziele haben i. d. R. Bezug zu vielen Abteilungen / Prozessen und beeinflussen deren Zielsetzung. In Organisationen werden diese Querschnittsthemen daher oft durch Stabsstellen oder über eine Balanced Scorecard gesteuert.

In diesem Bericht liegt der Schwerpunkt auf ökonomischen, ökologischen und gesellschaftlichen Themen, die sowohl für unsere Organisation als auch für unsere Stakeholder von Interesse sind.

Durch eine jährliche Wesentlichkeitsanalyse werden die wesentlichen Themen identifiziert, um die Relevanz der einzelnen Themen festzustellen, werden zusätzlich interne und externe Stakeholder hinzugezogen

Für die Sicherstellung der Wettbewerbs- und Zukunftsfähigkeit kommt ein ***Managementansatz*** zur Anwendung. Dieser zeigt die Verantwortung und Regelungen, Ziele und Kennzahlen sowie Maßnahmen (Projekte und Initiativen) zur Zielerreichung.

Bei den wesentlichen Themen sind die Mindestanforderungen gem. § 267 a HGB bzgl. Umwelt, Menschenrechte, Antikorruption, Soziales und Mitarbeiter, soweit die Tätigkeiten des Unternehmens betreffend, abgedeckt. Ergänzend hierzu wurde der Bericht mit Bezug zum *Global Reporting Initiative (GRI)* Standard erstellt.[72]

Beispiel aus der Praxis für Strategieentwicklung und Analyse wesentlicher Ziele *für eine nachhaltige Entwicklung einer Organisation gemäß Global Reporting Initiative (GRI)* (Standard für Nachhaltigkeitsberichterstattung):

[72] Vgl. auch Strabag-Geschäftsbericht 2018, S.35 (abrufbar im Internet).

Quelle: STRABAG-Geschäftsbericht 2018, S. 35 (abrufbar im Internet):

*„Bei der **Vielzahl der für unsere Organisation relevanten Themen möchten wir uns** in der Berichterstattung, aber auch in unserer täglichen Arbeit **auf jene Themen konzentrieren, die unter Berücksichtigung u. a. der ökonomischen, ökologischen und gesellschaftlichen Auswirkungen unserer Organisation sowohl aus der STRABAG-eigenen Sicht als auch aus Sicht unserer Stakeholder wesentlich sind.***

*Um die **wesentlichen Themen zu identifizieren**, führen wir jährlich eine **Wesentlichkeitsanalyse** durch, bei der wir einen mehrstufigen Prozess – ganz oder in Teilen – durchlaufen. Der Prozess schließt die **Einbindung der internen und externen Stakeholder ein, um die Relevanz der Themen** aus unterschiedlichen Perspektiven bewerten zu lassen.*

*[...] **für unsere Wettbewerbs- und Zukunftsfähigkeit ausschlaggebenden Themen entwickelten die jeweiligen Verantwortlichen im Konzern einen***

Managementansatz.

*Dieser macht jeweils deutlich, wie wir eine **prioritäre Behandlung im Konzern sicherstellen (Zuständigkeiten und Regelungen),***

welche Kennzahlen wir als Steuerungsgrößen entwickeln (Ziele und Kennzahlen)

und welche Maßnahmen wir zur Zielerreichung ableiten (Projekte und Initiativen).“

Weiter im e-book.

6.7.1 Primärziel: Nachhaltige Existenzsicherung und Unternehmenswertsteigerung[73]

Geschäftsberichtserstattung:
„Konsolidierter nichtfinanzieller Bericht“

Verantwortung: Leitung Finanzen / IKS
Vertretung: N.N.

Nachhaltigkeitsberichterstattung nach Standard *„Global Reporting Initiative“* (GRI):
GRI 103: Managementansatz
GRI 201: Wirtschaftliche Leistung
GRI 201-1 Unmittelbar erzeugter und ausgeschütteter wirtschaftlicher Wert
GRI 201-2 Finanzielle Folgen des Klimawandels für die Organisation und andere mit dem Klimawandel verbundene Risiken und Chancen
GRI 201-3 Verbindlichkeiten für leistungsorientierte Pensionspläne und sonstige Vorsorgepläne
GRI 201-4 Finanzielle Unterstützung durch die öffentliche Hand

[73] Vgl. *Scherer/Fruth* (Hrsg.), Governance-Management, Band I, 2014, S. 26 ff. und *Scherer,* Handbuch Digitalisiertes Integriertes Finanz-Management- und Internes Kontroll-System, 2020

Vorschlag („Rohmaterial“) für Ihren Text im Geschäftsbericht

Die **durchschnittliche Lebensdauer eines Unternehmens** in Deutschland beträgt **ca. 12 Jahre.**

Daher sollte jedes Unternehmen, jede Institution, jede Körperschaft dieses – ökonomische – Ziel der nachhaltigen Existenzsicherung ernst nehmen:

Auch Traditionsunternehmen sind vor den existenzbedrohenden Veränderungen in der eigenen Organisation und im Umfeld nicht gefeit.[74] Enorme Vorteile haben dagegen Unternehmen, die Veränderungen frühzeitig erkennen und als Chancen nutzen.

Egal, ob Funktion, Abteilung, Körperschaft, Tochtergesellschaften **des privaten Rechts oder der öffentlichen Hand,** etc.:

Selten findet man im Rahmen von Risiko-Checks eine **Governance-Struktur** vor, **die sich an** den **Grundsätzen ordnungsgemäßer Unternehmensführung und -überwachung (GoU/ GoÜ), sowie den „Grundsätzen ordnungsgemäßer Interaktion (GoI)“ orientiert**. Hier herrscht großer **Optimierungsbedarf**.

„Das Primärziel für unser Unternehmen ist sein langfristiger Erhalt und nachhaltige Wertsteigerung unter Berücksichtigung von wirtschaftlichen, sozialen und ökologischen Aspekten.“[75]

---

[74] Vgl. IDW S 11: 2017: Prüfungsstandard zur Feststellung/ Prüfung von Insolvenzgründen und Fortführungsprognosen.

[75] Vgl. auch Strabag-Geschäftsbericht 2018, S.34 (abrufbar im Internet).

Die „Kernprozesse“ unseres Unternehmens lassen sich vereinfacht wie folgt darstellen:

Um die Ziele der Kernprozesse zu erreichen, ist die Zielerreichung bei den *Führungsprozessen*

und den *Unterstützungsprozessen*

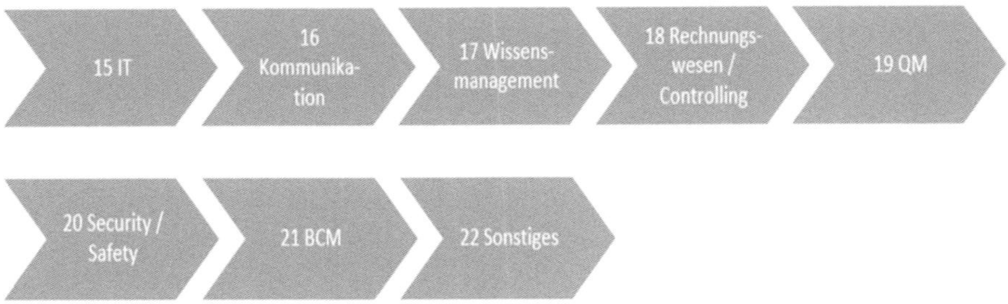

ebenso erforderlich.

Kernleistung(en) für (zahlenden) Kunden bei optimierter Kosten-Struktur:

Das Primärziel der nachhaltigen Existenzsicherung wird erreicht durch nachgefragte **Kernleistungen (**z. B. Produktion / Werk- / Dienstleistung), die von zahlenden **Kunden** abgenommen wird und somit zu **Umsatz** führt.

Die **Leistung** muss einerseits **erstellt/ erbracht** und sollte andererseits **optimal organisiert** werden: dies verursacht **Kosten**, die sich auf den Cashflow und den Gewinn auswirken.

Dass Umsatz nicht mit Liquidität oder Gewinn gleichzusetzen ist, stellt eine „Binsenweisheit“ dar, wird aber dennoch in der Praxis von Managern (oft aus psychologischen Gründen) häufig nicht genug beachtet.

„Wir legen besonderen Wert auf Kosteneffizienz sowie einen gesteuerten, angemessenen Kapitaleinsatz. Spezielles Augenmerk liegt dabei auf der Verbesserung von Effektivität und Effizienz mit dem Ziel, die organisatorische und strategische Aufstellung von N. N. (Firma) zu verfestigen. Dem (projektbezogenen) Risikomanagement kommt dabei eine wesentliche Bedeutung zu.“ [76]

Weiter im e-book.

6.7.1.1. Verantwortlichkeiten und Regelungen bzgl. „Nachhaltiger Existenzsicherung und Unternehmenswertsteigerung“

Weiter im e-book.

6.7.1.2. Ziele und Kennzahlen bzgl. Nachhaltiger Existenzsicherung und Unternehmenswertsteigerung

Weiter im e-book.

6.7.1.3. Projekte bzgl. Nachhaltiger Existenzsicherung und Unternehmenswertsteigerung

Weiter im e-book.

[76] Vgl. auch Strabag Geschäftsbericht 2018, S. 115 (abrufbar im Internet)

Die Leistungen / Produkte

(Hier folgt die Darstellung der Leistungen / Produkte / Geschäftsfelder des Unternehmens)

Jahresabschluss

(Hier folgt der (finanzielle) Jahresabschlussbericht, um zu zeigen, ob die finanziellen Ziele im letzten Jahr erreicht wurden.)

„Im Anschluss finden Sie unsere finanzielle Berichterstattung im Jahresabschluss:“

6.7.2 Ziel: Begeisterung von Kunden und sonstigen „interessierten Parteien“

Geschäftsberichtserstattung:

„Kundenzufriedenheit“

Verantwortung für dieses Thema:

Qualitäts-Management-Beauftragter

Vertretung: N.N.

Nachhaltigkeitsberichterstattung nach Standard *„Global Reporting Initiative“* (GRI):

GRI 103: Managementansatz

GRI 102-40 Liste der Stakeholder-Gruppen

GRI 102-41 Tarifvertrage

GRI 102-42 Ermittlung und Auswahl der Stakeholder

GRI 102-43 Ansatz für die Einbindung von Stakeholdern

GRI 102-44 Wichtige Themen und hervorgebrachte Anliegen durch Stakeholder-Einbindung

GRI 416: Kundengesundheit und -sicherheit

GRI 417: Marketing und Kennzeichnung

GRI 418: Schutz der Kundendaten

Vorschlag („Rohmaterial“) für Ihren Text im Geschäftsbericht

„Zur Erfüllung der Anforderungen und Erwartungen unserer Kundinnen und Kunden an jedes Projekt, müssen unterschiedliche Leistungen integriert und verantwortet werden.

Das Thema „Kundenzufriedenheit“ besitzt höchste Relevanz. Auschlaggebende Faktoren für den wirtschaftlichen Erfolg jedes Projekts sind Termineinhaltung, Qualität und Preis (respektive Kosten).

Um Risiken (z.B. aus der Nichterfüllung von Kundenanforderungen) zu verringern, werden in Managementsystemen qualitative und gesetzliche oder normative Anforderungen durch Qualitätssicherungs- und Risikomanagementmaßnahmen verankert.“ [77]

Weiter im e-book.

[77] Vgl. auch Strabag-Geschäftsbericht 2018, S. 124 (abrufbar im Internet).

6.7.3 Ziel: Rechtssicherheit (Business Compliance) / „Manager- und Mitarbeitersicherheit" / Rechtssichere Organisation

Geschäftsberichtserstattung:

„Business Compliance"

Verantwortung für dieses Thema:

Leitung Recht

Vertretung: (Externer) Compliance-Officer

Nachhaltigkeitsberichterstattung nach Standard *„Global Reporting Initiative"* (GRI):

GRI 103: Managementansatz

GRI 406-1 Diskriminierung

GRI 205 Korruptionsbekämpfung

GRI 205-1 Betriebsstätten, die auf Korruptionsrisiken geprüft wurden

GRI 205-2 Kommunikation und Schulungen zu Richtlinien und Verfahren zur Korruptionsbekämpfung

GRI 205-3 Bestätigte Korruptionsvorfalle und ergriffene Maßnahmen

GRI 206 Wettbewerbswidriges Verhalten (Anti-competitive Behaviour)

GRI 307 Umwelt-Compliance

GRI 403: Arbeitssicherheit und Gesundheitsschutz

GRI 419 Sozioökonomische Compliance

GRI 419-1: Nichteinhaltung von Gesetzen und Vorschriften im sozialen und wirtschaftlichen Bereich

Vorschlag („Rohmaterial") für Ihren Text im Geschäftsbericht

„Um Rechtssicherheit zu gewährleisten und die Unternehmensreputation zu wahren, ist es von zentraler Bedeutung, rechtswidriges Handeln sowie Korruption zu vermeiden. Aus diesem Grund hat die Geschäftsleitung von N.N. (Firma) im Oktober 2020 beschlossen, ein Integriertes Compliance-Managementsystem implementieren und die Geschäftsprozesse umfassend mit Komponenten zur Erfüllung relevanter Compliance-Anforderungen anzureichern."[78]

Weiter im e-book.

[78] Vgl. auch Strabag-Geschäftsbericht 2018 (abrufbar im Internet).

6.7.4 Ziel: (Projektbezogenes) Risiko- und Chancenmanagement

Geschäftsberichtserstattung:
„(Projektbezogenes) Risiko- und Chancenmanagement

Verantwortung bzgl. dieses Themenbereichs:
Risikomanagement-Beauftragter
Vertretung: N.N.

Nachhaltigkeitsberichterstattung nach Standard *„Global Reporting Initiative“* (GRI):
GRI 103 Managementansatz:
(Projektbezogenes) Risikomanagement

Vorschlag („Rohmaterial“) für Ihren Text im Geschäftsbericht

Der Risiko-**Analyse** und -Management-Prozess bei N. N. (Firma) muss geplant, implementiert und wirksam sein und umfasst das Erkennen, Bewerten und Steuern von Gefahren und Chancen (Risiken), die für das Erreichen der Management-Ziele eine Unsicherheit darstellen. Dadurch soll die Zielerreichung abgesichert werden.

Weiter im e-book.

6.7.5 Ziel: Strategische Personalentwicklung und Beschäftigungsbedingungen (Arbeitssicherheit / Gesundheitsschutz / etc.)

Geschäftsberichtserstattung:

„Strategische Personalentwicklung und Beschäftigungsbedingungen"

Verantwortung bzgl. dieses Themenbereichs:

Leitung Personal

Vertretung: N.N.

Nachhaltigkeitsberichterstattung nach Standard *„Global Reporting Initiative"* (GRI):

GRI 103: Managementansatz:

Strategische Personalentwicklung und Beschäftigungsbedingungen (Arbeitssicherheit und Gesundheits-schutz)

GRI 401: Beschäftigungsbedingungen

GRI 401-1: Neu eingestellte Angestellte und Angestelltenfluktuation

GRI 402: Arbeitnehmer-Arbeitgeber-Verhältnis

GRI 403: Arbeitssicherheit und Gesundheitsschutz

GRI 404: Aus- und Weiterbildung

GRI 404-1: Durchschnittliche Stundenzahl für Aus- und Weiterbildung pro Jahr und Angestelltem

GRI 404-2: Programme zur Verbesserung der Kompetenzen der Angestellten und zur Übergangshilfe

GRI 404-3: Prozentsatz der Angestellten, die eine regelmäßige Beurteilung ihrer Leistung und ihrer beruflichen Entwicklung erhalten

GRI 405: Diversität und Chancengleichheit

GRI 406: Nichtdiskriminierung

Vorschlag („Rohmaterial") für Ihren Text im Geschäftsbericht

Die Geschäftsleitung von N. N. (Firma) beschloss aufgrund des Ergebnisses diverser Analysen, am x.y.zz, ein Integriertes Personal-Managementsystem einzuführen: Dieses soll helfen, die neuen Herausforderungen „Fachkräftemangel" und „Neue Arbeitswelten" zu meistern.

Weiter im e-book.

6.7.6 Ziel: Ressourcenmanagement (Energie, Materialeinsatz, Emissionen, Umwelt) / Nachhaltigkeit / Corporate Social Responsibility / ESG (Environmental, Social, Governance)

Geschäftsberichtserstattung:
„Ressourcenmanagement und Gesellschaftliches Engagement“

Verantwortung bzgl. dieses Themenbereichs:
Nachhaltigkeits-Beauftragter
Vertretung: N.N.

Nachhaltigkeitsberichterstattung nach Standard *„Global Reporting Initiative“* (GRI):
GRI 103: Managementsansatz
GRI 301: Materialien
GRI 301-1 Eingesetzte Materialien nach Gewicht oder Volumen
GRI 301-2 Eingesetzte recycelte Ausgangsstoffe
GRI 302 Energie
GRI 302-1 Energieverbrauch innerhalb der Organisation
GRI 303: Wasser und Abwasser
GRI 304: Biodiversität
GRI 305: Emissionen
GRI 306: Abwasser und Abfall
GRI 307: Umwelt-Compliance
GRI 308: Umweltbewertung der Lieferanten

Vorschlag („Rohmaterial“) für Ihren Text im Geschäftsbericht

„Der Klimawandel und seine Folgen stellen die gesamte Gesellschaft vor neue Herausforderungen. Auch für N. N. (Firma) ergeben sich dadurch neue Herausforderungen. Zum einen wird es aufgrund der klimatischen Bedingungen und der Verfügbarkeit von Rohstoffen immer wichtiger, den Energieverbrauch deutlich zu reduzieren sowie ressourcenschonend und nachhaltig zu arbeiten. Zum anderen fordern aber auch die Kunden immer mehr innovative Lösungen zum Thema Nachhaltigkeit.“[79]
Weiter im e-book.

[79] Vgl. Strabag-Geschäftsbericht 2018, S.101 (abrufbar im Internet).

6.7.7 Ziel: Innovation, Digitalisierung und prozessorientierte Organisation, IT-Management, Informationssicherheit und Datenschutz

Geschäftsberichtserstattung:
„Innovation und Digitalisierung“

Verantwortung bzgl. dieses Themenbereichs:
Leitung IT / Digitalisierung
Vertretung: N. N.

Nachhaltigkeitsberichterstattung nach Standard *„Global Reporting Initiative“* (GRI):
GRI 103: Managementansatz Innovation und Digitalisierung

Vorschlag („Rohmaterial“) für Ihren Text im Geschäftsbericht

„Um den sich rasch ändernden Anforderungen der heutigen Zeit zu stellen, betreibt N. N. (Firma) ein funktionierendes und zukunftsorientiertes Innovationsmanagement. Besonders wichtig ist in diesem Kontext auch die zunehmende Vernetzung von verschiedenen Branchen und Unternehmensbereichen. Bzgl. des Mega-Trends Digitalisierung müssen wir neue und digitale technische Lösungen finden und umsetzen. Dadurch soll vor allem Zeit bei administrativen Prozessen gespart und die Mitarbeiter entlastet werden.

Für ein gutes Innovationsmanagement ist es besonders wichtig, auch in der Forschung und Entwicklung aktiv tätig zu sein. In diesem Zusammenhang ist eine enge Zusammenarbeit mit Forschungseinrichtungen, wie z.B. Universitäten oder Hochschulen, unabdingbar.

Gleichzeitig ergibt sich aus den neuen Herausforderungen die Notwendigkeit, in der gesamten Betrachtungsweise von Methoden, Projekten, Produkten, o.Ä. umzudenken. Der Wunsch nach nachhaltigen – aber trotzdem wirtschaftlichen – Lösungen steigt zunehmend an. Deshalb müssen wir zum Teil mit alten Routinen brechen und stattdessen mit innovativen, zukunftsorientierten Methoden und Ideen vorangehen. Dabei ist es wichtig, diese so zu gestalten, dass sie stets in das Gesamtgefüge von N. N. (Firma) passen und die verschiedenen Interessen der Stakeholder erfüllen.“[80]

Weiter im e-book.

---

[80] Vgl. auch Strabag-Geschäftsbericht 2018, S.119ff. (abrufbar im Internet).

Digitalisierung

„Der Megatrend Digitalisierung spielt eine besonders große Rolle im Innovationsmanagement, denn neue digitale Lösungen können den Arbeits- und Zeitaufwand erheblich verringern sowie die Vernetzung von verschiedenen Personen erhöhen. Davon profitiert letztlich die gesamte Organisation. Besonders wichtig ist die Digitalisierung von Geschäftsprozessen innerhalb des Unternehmens aber auch mit Schnittstellen von Partnerunternehmen, wie z.B. Lieferanten. Innovationen im Bereich der Automatisierung und Robotik sollen allerdings nicht die menschlichen Mitarbeiter obsolet machen, sondern ihnen mehr Zeit für den Einsatz ihrer individuellen Fähigkeiten geben.

Weiter im e-book.

Prozessorientierte Organisation, IT-Management, Informationssicherheit und Datenschutz

Der Stellenwert von Prozessmanagement, IT-Management, Informationssicherheit und Datenschutz hat durch die Digitalisierung exponentiell zugenommen: Von der unterstützenden Funktion hat sich die digitalisierte IT-Governance zum „Nervensystem“ einer Organisation gewandelt.“[81]

[81] Vgl. auch Strabag-Geschäftsbericht 2018 (abrufbar im Internet).

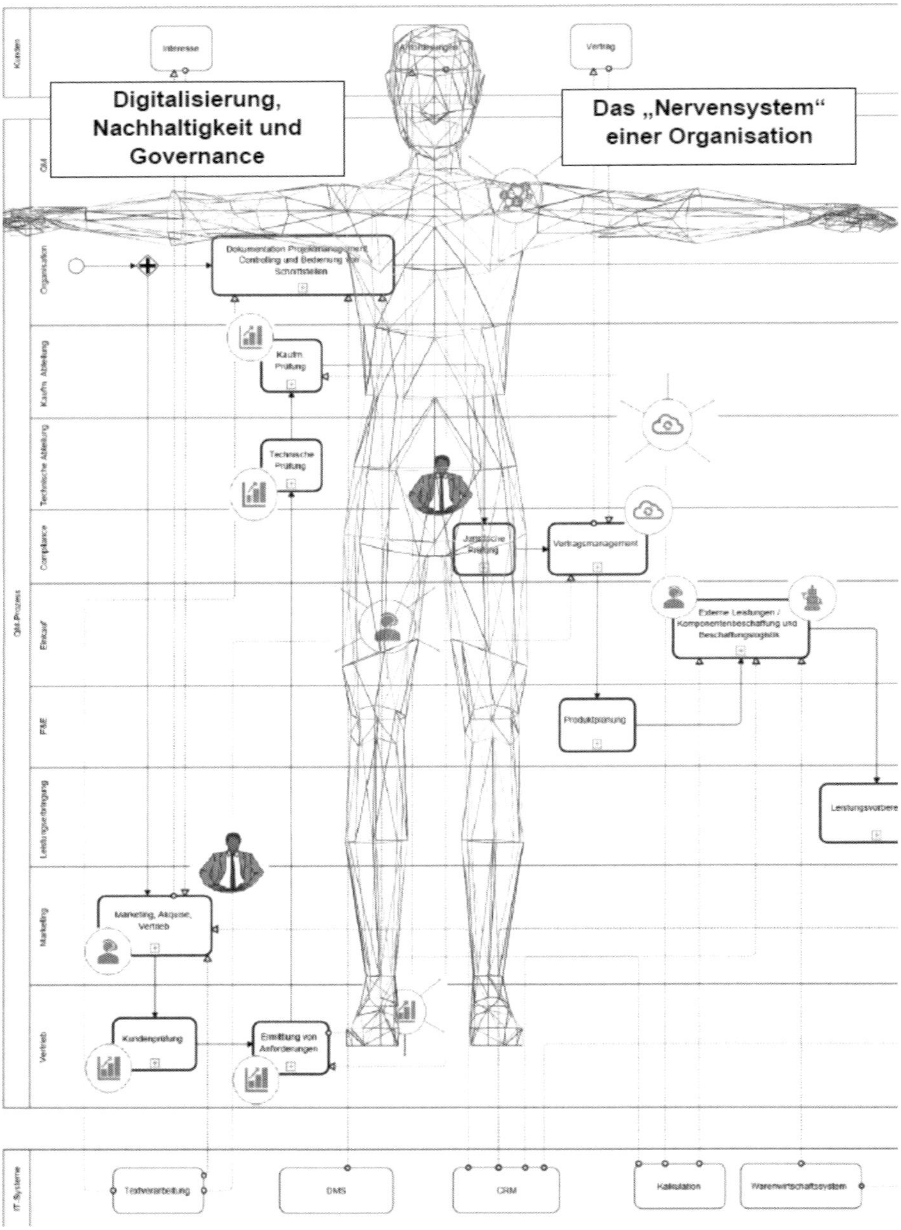

Weiter im e-book.

6.7.8 Sonstige Top-Ziele und die Ziele der übrigen Abteilungen

Vorschlag („Rohmaterial“) für Ihren Text im Geschäftsbericht

Jede Organisation / jedes Unternehmen hat evtl. abweichend von oben (6.7.1 bis 6.7.7) andere weitere individuelle oder zusätzliche TOP-Ziele.

Auch diese dürfen nicht willkürlich beschlossen werden, sondern ergeben sich aus der Bewertung diverser Analysen (Unternehmens-, Umfeld-, interested-parties-, (Compliance-) Risiko- und SWOT-Analysen).

Im übrigen werden auch in den sonstigen Abteilungen (Bereiche / Referate) auf der Basis von Analysen Ziele abgeleitet, Strategien entwickelt und bei Handlungsbedarf Maßnahmen / Projekte abgeleitet.

Z. B. im Bereich: Einkauf, Leistungserbringung, Marketing / Vertrieb, etc.

Weiter im e-book.

6.8. Ableitung der Abteilungsziele, Prozessziele und Mitarbeiterziele

Vorschlag („Rohmaterial“) für Ihren Text im Geschäftsbericht

Die unternehmensweiten Top-Ziele und Strategien werden auf die einzelnen Prozess-Themenfelder des „Unternehmens-Flugschiffes“ „heruntergebrochen“, so dass z.B. für Einkauf, Vertrieb, Organisation, etc. eigene, aber abgestimmte, Visionen, Prozess-Ziele, Strategien definiert sind.

Weiter im e-book.

6.9 Planungen

Vorschlag („Rohmaterial“) für Ihren Text im Geschäftsbericht

Zur Planung gehört die transparente Darstellung zwingender und freiwillig gesetzter Ziele, deren Anforderungen, sowie der Maßnahmen zur Erfüllung der Anforderungen zur Zielerreichung.

Vgl. oben Punkt 6: Pflicht zur angemessenen Planung

Zu diesem Punkt gehören aber in der Praxis bereits zwingend auch die Implementierung eines Steuerungs- und Überwachungssystems („lines of defense“) und die Bestimmung von Risiken, die die Zielerreichung gefährden könnten, sowie eines Prozesses zur Reaktion bei Abweichungen.

Weiter im e-book.

6.10 Organisatorischer Rahmen zur Unterstützung der Zielerreichung

Weiter im e-book.

7 Menschen, Ressourcen und angemessene Rahmenbedingungen

Geschäftsberichtserstattung:
„Menschen und Ressourcen"

Verantwortung für diesen Themenbereich:
Leitung Personal
Vertretung N.N.

Nachhaltigkeitsberichterstattung und Standard „Global Reporting Initiative" (GRI):
Vgl. oben Punkt 6.7.5

Synopsen bzgl. der diversen Standards:
7 Unterstützung
7.1 Ressourcen
7.2 Kompetenz
7.3 Bewusstsein
7.4 Kommunikation
7.5 Dokumentierte Information

Summary

1. Die Fragen, wo künftig im Arbeitprozess zwischen Robotern, Algorithmen und (teil-) automatisierten Prozessabläufen der Manager oder Mitarbeiter steht, was seine Aufgaben und Ziele sind und welche Kompetenzen er dafür braucht, sind als erstes zu beantworten.

2. Dann sollten Weiterbildung, Coaching, etc. helfen, vorhandene Gaps zwischen dem „neuen Soll“ und dem (alten) Ist zu füllen.

Ziel der folgenden Ausführungen:

Sie sollten darüber informiert sein,

- welche aktuellen Anforderungen an (personelle) Ressourcen, Kompetenzen, Bewusstsein, Kommunikation und Dokumentation gestellt werden,
- welche Ziele damit verfolgt werden und mit welchen Kennzahlen gemessen werden kann

und

- welche Prozesse und Tools / Werkzeuge helfen, diese Ziele zu erreichen.

Breaking News (Fallbeispiele)

„Unzureichende Personalausstattung als grobe Organisationspflichtverletzung“:

Krankenhaus, Gynäkologe und Hebamme wurden verklagt. Vorwurf: Organisationsfehler hätten zu Komplikationen bei der Geburt und zu erheblichen geistigen und körperlichen Beeinträchtigungen des Kindes geführt,

„[...] was insbesondere auch zwingend bedingt, dass das eingesetzte Personal über entsprechende Kenntnisse verfügt und wiederum der Arbeitgeber sicherstellt, dass auch nur entsprechend ausgebildetes Personal eingesetzt wird. [...]

Die mangelnde Personalausstattung (sowohl zahlenmäßig als auch ausbildungsmäßig) stellt sich damit als grober Organisationsfehler dar!“[82]

82 Vgl. *OLG Nürnberg*, Urteil vom 25.03.2011 – 5 U 1786/10, abrufbar unter: https://openjur.de/u/490382.html (letzter Zugriff: 08.04.2020).

Vorschlag („Rohmaterial“) für Ihren Text im Geschäftsbericht

7 Menschen, Ressourcen und angemessene Rahmenbedingungen

7.1 Erlass von ergänzenden Anforderungen, angemessene Rahmenbedingungen und Ressourcenbereitstellung für das Integrierte GRC-Managementsystem

Weiter im e-book.

7.2 Personelle Ressourcen und Kompetenzen

Globalisierung, Standardisierung, Regulierung, Digitalisierung, demografische und ökologische Entwicklungen und unsichere Konjunkturentwicklungen zählen zu den aktuellen Megatrends, wobei die Digitalisierung und auch ihr Einfluss auf die „Arbeitswelt von morgen“ als „disruptiv“, also „bisherige Systeme oder Mechanismen völlig ablösend“ angesehen wird.

Corona verändert grundlegend die Arbeitswelt, beispielsweise wird Homeoffice nun verstärkt eingesetzt.

Ein aktueller Artikel[83] stellt folgende Thesen zur „Arbeitswelt nach Corona“ auf:

„1. Umwälzungen auf dem Arbeitsmarkt mit diversen Strömungen

2. Aufwertung von Berufsbildern

3. Virtualisierung, Flexibilisierung und Digitalisierung der Arbeitswelt schreiten voran

4. Führungskultur wird generalüberholt

5. Corona-Krise ist Nagelprobe für Unternehmenskultur

6. Gen Z wird neue Erfahrungen in einem geänderten Umfeld machen“

Ob dies Fluch oder Segen bedeutet, ist eine philosophische Frage[84], die hier nicht beantwortet werden kann.

Bei vielen Organisationen / Unternehmen, aber auch in Ausbildung, (Hoch-) Schulen und Weiterbildung besteht diesbezüglich enormer Handlungsbedarf im Personalmanagement, der jedoch noch weitestgehend ignoriert wird.

Bezüglich der personellen Ressourcen **muss** für angemessene Quantität und Qualität sowohl in fachlicher sowie persönlicher Hinsicht gesorgt werden.

---

[83] Sechs Prognosen zur Arbeitswelt nach Corona, https://www.wuv.de/karriere/sechs_prognosen_zur_arbeitswelt_nach_corona, Abruf 4/2020.

[84] Vgl. *Precht*, Jäger, Hirten, Kritiker – Eine Utopie für eine digitalisierte Welt, 2018 und *Harari*, 21 Lektionen für eine digitalisierte Welt, 2018.

Schulungen und Coachings spielen hierbei eine wesentliche qualifizierende Rolle.

Ziel der Schulungen ist eine angemessene Kompetenz bzgl. des digitalisierten Integrierten GRC-Managementsystems bei Management und Mitarbeitern (positive Einstellung), um pflichtgemäßes Verhalten zu erreichen.

Bzgl. der Thematik „Einstellung / Einstellungsänderung“ zu pflichtgemäßem, risiko-orientiertem Verhalten ist auf die Komponentenfolge „Transparenz von Zielen / Anforderungen“, „Wissen, Verstehen, Können (kognitives Element)“, „Wollen (emotionales Element)“ als input und „zielorientiertes Handeln / Erfüllung der Anforderungen“ als output zu achten.

In Hinblick auf Kompetenzen im Unternehmen sollte eine „Wissensbilanz“ vorgehalten werden. Diese enthält u.a. die Darstellung von erforderlichem und vorhandenem Wissen und Fertigkeiten im Unternehmen, bei Management, Mitarbeitern und externen Leistungserbringern (z.B. in der Lieferkette oder bei Outsourcing).

Dabei sollte auch betrachtet werden, welches zukünftige Wissen erforderlich sein wird und wie dieses frühzeitig genug aufgebaut werden kann.

7.3 Bewusstsein und Kultur bzgl. des Integrierten GRC-Managementsystems

Die Geschäftsleitung und das Aufsichtsgremium **müssen** dafür sorgen, dass im Unternehmen ein angemessenes Bewusstsein und eine positive Kultur bzgl. des Integrierten GRC-Managementsystems herrscht, die vor allem auch von den Führungskräften vorgelebt wird.

Entscheidend sind hierfür die gelebten und dokumentierten Unternehmenswerte, Verhaltensgrundsätze und das Verhalten im täglichen strategischen und operativen Geschäft.

Auch Anreiz- und Sanktionssysteme sollten die Förderung proaktiven Verhaltens in Richtung Integriertes GRC-Managementsystem berücksichtigen.

Der Führungsstil, die Politik und Leitbild / Philosophie des Unternehmens sowie die transparente Durchführung von Aufsicht und Sanktion bei Fehlverhalten **müssen** eine Managementsystem-Kultur unterstützen, die einen offenen, positiven Umgang mit diesem Thema ermöglicht.

Weiter im e-book.

7.4 Kommunikation des Integrierten GRC-Managementsystems

Die Ziele und Bestandteile sowie sonstige relevante Informationen für „interessierte Parteien“ des Integrierten GRC-Managementsystems **müssen** unternehmensintern und auch extern gegenüber Geschäftspartnern und sonstigen Stakeholdern angemessen kommuniziert werden.

Dies erfordert eine für jeden Adressaten verständliche und prägnante Ausdrucksweise.

Die Kommunikation des Integrierten GRC-Managementsystems richtet sich nach den grundsätzlichen Vorgaben der Unternehmenskommunikation vgl. oben Pkt. 4.2.4.

7.5 Dokumentation des Integrierten GRC-Managementsystems

Die Lenkung (Erstellung und weitere Behandlung) von Dokumenten (einheitlichen Formularen / Mustern wie z.B. Muster-Stellenbeschreibung, etc.) und Aufzeichnungen (individuelle Schriftstücke, wie z.B. ein ausgefülltes Formular oder ein Vertrag) **muss** nach den allgemeinen unternehmensweit geltenden, den rechtlichen Anforderungen genügenden, Grundsätzen erfolgen.

Weiter im e-book.

8 Die Umsetzung von Projekten und gelebte Prozesse

Geschäftsberichtserstattung:
„Umsetzung von Projekten und gelebte Prozesse"

Verantwortung für diesen Themenbereich:
Leitung Projekt- und Prozessmanagement
Vertretung: N.N.

Synopsen bzgl. der diversen Standards:
8 Betriebliche Planung und Steuerung
8.1 Umsetzung (Do): Umwandlung von input in output (Prozessmodell)
8.2 Wirksamkeit

Summary

1. Gewissenhafte Geschäftsführer sind für die „Wirksamkeit“ des Integrierten GRC-Managementsystems verantwortlich.

2. Wirksamkeit bedeutet Effektivität und „gelebt werden“.

3. Menschen und Mitarbeiter handeln aufgrund der Funktionsweise unseres Gehirns oder wegen fehlenden Wissens oft nicht korrekt. Human Workflow Prozesse können unterstützen, das Richtige richtig zu tun.

4. Jeder Prozessebeteiligte weiß dann, was er wann, wie und wo zu tun hat.

Ziel der folgenden Ausführungen:

Sie sollten darüber informiert sein,

- was Steuerung und Überwachung heißt,
- was das „lines of defense“-Modell bedeutet

und

- wie Zielabweichungen mithilfe eines Integrierten GRC-Managementsystems effektiv und effizient erkannt und behoben werden können.

Breaking News (Fallbeispiele)

Elf Menschen kommen bei Zugunglück in Bad Aibling ums Leben

„Hätte er [der Fahrdienstleiter] sich regelgemäß, also pflichtgerecht, verhalten, wäre es nicht zum Zusammenstoß gekommen.“[85]

Faktor Mensch! Angebrachte Risikosteuerungsmaßnahmen könnten bei entsprechender Analyse durchaus gefunden werden.[86]

---

[85] *o.V.*, Zugunglück von Bad Aibling „furchtbares Einzelversagen“, 17.02.2016, abrufbar unter: http://www.pnn.de/titelseite/1050816/ (letzter Zugriff: 14.10.2020).

[86] *Scherer,* Zugunglück Bad Aibling: Ist der Mensch durch die gewachsene Komplexität an seine Grenzen gelangt?, Kommentar zum PNP-Artikel am 17.02.2016, zum Download auf www.scherer-grc.net/publikationen.

Vorschlag („Rohmaterial“) für Ihren Text im Geschäftsbericht

8 Die Umsetzung von Projekten und gelebte Prozesse

8.1 Umsetzung (Do): Umwandlung von input in output

Hier geht es um das tatsächliche Doing:

All das, was konzeptioniert und projektiert wurde, **muss auch in die Tat umgesetzt** werden**.** Die Erreichung der in der Konzeptionierung festgelegten Ziele stellt ein effektives Steuerungs- und Überwachungssystem sicher.

Weiter im e-book.

8.2 Wirksamkeit

Herbeiführung der Wirksamkeit („Gelebt werden“)

In einem Konzept / Projektplan ist an dieser Stelle beispielsweise festzuhalten, welche Kompetenzen (Wissen / Wollen / Können) schon vorhanden oder noch zu erwerben sind, wann wer wie von wem in welchen Inhalten geschult / gecoacht / trainiert wird, wann Management-Themen wie in Zielvereinbarungen aufgenommen werden, etc.

Dabei **müssen** auch interne (z.B. neue Mitarbeiter) und externe (z.B. neue Gesetze / Rechtsprechung / Methoden) Veränderungen berücksichtigt werden.

Wirksamkeit durch Automatisierung und Workflowmanagement

Das Ziel von „Human Workflow-Management“ bzw. Digitalisierung ist, sämtliche Tools / Dokumente / Aktionen / etc. einer passenden Stelle im Gesamt-Workflow des Unternehmens bzw. seinen Prozessen zuzuordnen bzw. in diese zu integrieren. Damit wird eine „Schattenexistenz“ von Vorgaben, die keiner beachtet, Dokumente, die keiner liest oder Kontrollen, die nicht ausgeführt werden, vermieden.

Durch automatisierte Prozesse oder durch Human Workflows geführte menschliche Aktionen sollte sichergestellt werden, dass das Richtige richtig gemacht wird und menschliche Fehler weitestgehend reduziert werden.

Dieser Ansatz könnte wesentlich effektiver sein, als Coachings und Schulungen, die zwar oft sehr aufwändig (Zeit, Geld, ...) sind, aber häufig nur wenig bewirken.

9 Steuerung und Überwachung auf dem Weg zum Ziel

Geschäftsberichtserstattung:
„Steuerung und Überwachung"

Verantwortung für den Themenbereich:
Leitung Controlling
Vertretung: N.N.

Synopsen bzgl. der diversen Standards:
9 Bewertung der Leistung
9.1 Überwachung, Messung, Analyse und Bewertung
9.2 Audit
9.3 Managementbewertung

Summary

1. Überwachung ist Pflicht und Teil der rechtssicheren Delegation.

2. „Steuerung und Überwachung“ des Integrierten GRC-Managementsystems dienen der Analyse, Bewertung, Verbesserung von Reifgrad, Effektivität und Effizienz des Integrierten GRC-Managementsystems.

3. Die four „lines of *defense*“ sollen helfen, dass das Richtige richtig gemacht wird.

4. Durch eine Zertifizierung wird die Einhaltung bestimmter Anforderungen von Standards an das Managementsystem bestätigt.

Ziel der folgenden Ausführungen:

Sie sollten darüber informiert sein,

- was *„Steuerung und Überwachung“* des digitalisierten Integrierten GRC-Managementsystem bedeutet,
- was die „lines of defense“ sind,
- was „Managementbewertung“ und „interne Audits“ sind

und

- was eine „Zertifizierung“ bedeutet.

Breaking News (Fallbeispiele)

„Die inneren Werte zählen – Brustimplantate aus Industriesilikon“

Französischer Hersteller von Brustimplantaten verwendet nicht reißsicheres Industriesilikon als Material und täuscht wohl vorsätzlich auch QM-System darüber.

„Längst steht fest, dass […] über viele Jahre heimlich Implantate mit nicht zugelassenem Billig-Silikon befüllt wurde. Der […]-Gründer ist zu einer Haftstrafe wegen Betrugs und Verbrauchertäuschung verurteilt.“[87]

[87] Vgl. *o.V.*, Neuer Prozess gegen TÜV wegen fehlerhafter Brustimplantate, 10.10.2018, abrufbar unter: https://www.zeit.de/wissen/gesundheit/2018-10/schadensersatzforderungen-tuev-rheinland-brustimplantate-gerichtsverfahren-kassationshof (letzter Zugriff: 19.10.2020), und *o.V.*, Implantate aus Industrie-Silikon: BGB entscheidet über TÜV-Haftung, 22.06.2017, abrufbar unter: https://www.shz.de/deutschland-welt/politik/implantate-aus-industrie-silikon-bgb-entscheidet-ueber-tuev-haftung-id17119616.html (letzter Zugriff: 19.10.2020).

Vorschlag („Rohmaterial“) für Ihren Text im Geschäftsbericht

9 Steuerung und Überwachung auf dem Weg zum Ziel

Die Überwachung und Bewertung des Integrierten GRC-Managementsystems an sich erfolgt ebenfalls primär intern durch diverse idealerweise „gebündelte“ Funktionen (Controlling, Compliance, Internes Audit, IKS, Revision (vgl. auch die „Three lines of defense), kann aber auch Gegenstand externer Überwachung (Aufsichtsrat, Behörden, „second“ und „third party“(Zertifizierungs-) Audits, etc.) sein.

9.1 Überwachung (Monitoring), Messung, Analyse und Bewertung

Weiter im e-book.

9.2 Management Review (Management-Bewertung)

Im Rahmen eines regelmäßig stattfindenden Management-Reviews (Bewertung des Integrierten GRC-Managementsystems durch das Top-Management) **müssen** Reifegrad inklusive Angemessenheit und Wirksamkeit des Integrierten GRC-Managementsystems durch das Top-Management bewertet werden. Dabei sollte auch Stellung zu der Frage genommen werden, ob und wie das Top-Management der ihm diesbezüglich zukommenden Verantwortung gerecht geworden ist.

Weiter im e-book.

9.3 Reifegradmessung

Die Überprüfung (performance evaluation) bzw. Reifegrad- bzw. auch Wertbeitragsmessung (vgl. oben Pkt. 10.2) erbringt Hinweise, ob das Integrierte GRC-Managementsystem wesentliche Mängel aufweist, die die Erreichung der Ziele des Integrierten GRC-Managementsystems gefährden und die zur Versagung eines zufriedenstellenden Prüfvermerks / Testat / Auditergebnisses führen würden.

Üblicherweise werden Reifegrade in Stufen von 1 („sehr gering“) bis 5 („sehr hoch“) abgestuft.

Für die Messung des Reifegrades eines Managementsystems gibt es diverse Methoden / Modelle.[88]

Es ist eine angemessene Methode anzuwenden.

Auch entlang der Phasen Plan: Konzeptionierung (1), Do: Implementierung (2), Wirksamkeit (3), Check: Schwachstellenanalyse / Bewertung (4), Act: Verbesserung / Anpassung (5), nimmt der Reifegrad zu.

---

88 Vgl. COBIT-Reifegradmodell für IT-Systeme, Reifegradmessung gemäß Anlage zu ISO 9004, EDEN-Reifegradmodell, CMMI (Capabilities Maturity Model Integration), BPMM (Business Process Maturity Model), PEMM (Process Enterprise Maturity Model), ISO 15504 (SPICF), QMMG-Quality Management Maturity Grid, 8 Omega / Orca-Methode, "Industrie 4.0 – Reifegradmodell", etc.

9.4 Externes Zertifizierungs-Audit

Audit

Der Audit-Prüfbericht für ein Integriertes GRC-Managementsystem („third party audit“) kann u.a. analog den Ausführungen des IDW-Prüfstandards PS 980:2011 für Compliance-Managementsysteme konzipiert werden:

Weiter im e-book.

Managementsystem-Beschreibung

Bei der Managementsystem-Beschreibung[89] des zu auditierenden Unternehmens ist zu beachten, dass sie den Ist-Zustand zutreffend wiedergibt und nicht lediglich den (angestrebten) Soll-Zustand – mit den dazugehörigen Komponenten (Ziele und Anforderungen, Verantwortungen, Maßnahmen, Prozessabläufe, Ressourcen, etc.) – beschreibt.

[89] Vgl. IDW PS 980:2011: 6 Anwendungshinweise und Erläuterungen / Begriffsbestimmungen [Tz. 5 ff.] A8.

10 Anpassung bei Veränderungen in Organisation und Umfeld sowie kontinuierliche Verbesserung

Geschäftsberichtserstattung:

„Anpassung bei Veränderungen in Organisation und Umfeld sowie kontinuierliche Verbesserung"

Verantwortung für den Themenbereich:

QM-Beauftragter

Vertretung: N.N.

Synopsen bzgl. der diversen Standards:

10 Verbesserung

10.1 Nichtkonformität, Non-Compliance und Korrekturmaßnahmen

10.2 Fortlaufende Verbesserung

Summary

1. Mithilfe eines Zielabweichungs- (Verstoß-) Erkennungs- und Reaktionsprozesses können Zielabweichungen frühzeitig erkannt werden.
2. Anreiz- und Sanktionssysteme fördern proaktives Verhalten in Richtung Integriertes GRC-Managementsystem.
3. Das Integrierte GRC-Managementsystem muss Maßnahmen zur ständigen Verbesserung und Reifegraderhöhung enthalten.

Ziel der folgenden Ausführungen:

Sie sollten darüber informiert sein,

- wie Zielabweichungen beim Integrierten GRC- Managementsystem erkannt werden können,
- wie auf Zielabweichungen reagiert werden sollte,
- was ein Anreiz- und Sanktionssystem ist,
- wie ein „Case-Management-Prozess“ abläuft

und

- wie das Integrierte GRC-Managementsystem kontinuierlich verbessert werden kann.

Breaking News (Fallbeispiele)

Bundesgerichtshof:

„Haftungsmildernde Wirkung eines Compliance-Managementsystems“[90]

Wenn derselbe Fehler mehrfach gemacht wird, war das Managementsystem offenbar nicht effektiv: Pflichtverstoß!

[90] Vgl. *BGH Urteil vom 09.05.2017 – 1 StR 265/16, Rn. 110*

Vorschlag („Rohmaterial") für Ihren Text im Geschäftsbericht

10 Anpassung bei Schwächen und Veränderungen in Organisation und Umfeld sowie kontinuierliche Verbesserung

10.1 Zielabweichungs-(Verstoß)-Erkennungs-und Reaktions-Prozess (Case-Managementprozess)

Unter dem Begriff „nonconformity and corrective action" **muss** ein („Case-Management"-) Prozess installiert und mit Leben gefüllt werden, der nicht drohende, sondern eingetretene Verstöße gegen GRC-Managementsystem-Grundsätze frühzeitig aufdeckt, bewertet und angemessene Reaktionsmaßnahmen einleitet.

Auch hier helfen die diversen „lines of defense", aber auch Hinweisgebersysteme, Verstöße (frühzeitig) zu erkennen. Nach Sachverhaltsermittlung und -bewertung **müssen** ggf. ad-hoc-Maßnahmen eingeleitet und relevante Stellen informiert werden.

Bei Bestätigung eines Verstoßes **muss** über Sanktion entschieden werden und sonstige Maßnahmen (Ursachenanalyse, -beseitigung, Verbesserungsmaßnahmen) sind durchzuführen.

Zahl und Ausmaß sowie der Eintritt von Wiederholungen ähnlicher Verstöße kann ein signifikanter Hinweis sein, dass das Integrierte GRC-Managementsystem nicht effektiv ist! In diesem Fall **müssen** unverzüglich angemessene Steuerungsmaßnahmen eingeleitet werden.

10.2 Ständige Verbesserung und Reifegraderhöhung

Bei jedem Durchlauf des Risikomanagement-Prozesses aufgrund eines gemeldeten Risikos („Case") (Punkt 6.2), aus den Ergebnissen aus Überwachung, Bewertung, Audits etc. (Punkt 9), aber auch aus den Ergebnissen aus dem periodischen Durchlauf des Risiko-Managementsystem-Prozesses (vgl. Punkt 6.2.1), müssen Maßnahmen zur ständigen Verbesserung und Reifegraderhöhung (vgl. hierzu Punkt 9.3) abgeleitet werden.

Bei der Einführung eines (Integrierten) GRC-Managementsystems sind entsprechend des Fortschritts entlang der P/D/C/A-Phasen Reifegrad, Pflichterfüllungsgrad und Wertbeitrag zunächst im negativen Bereich und wächst kontinuierlich bis zur Sättigungsgrenze ins Positive!

Für die Messung des Reifegrades eines GRC-Managementsystems gibt es diverse Methoden / Modelle

Vgl. COBIT-Reifegradmodell für IT-Systeme, Reifegradmessung gemäß Anlage zu ISO 9004, EDEN-Reifegradmodell, CMMI (Capabilities Maturity Model Integration), BPMM (Business Process Maturity Model), PEMM (Process Enterprise Maturity Model), ISO 15504 (SPICF), QMMG-Quality Management Maturity Grid, 8 Omega / Orca-Methode, "Industrie 4.0 – Reifegradmodell", etc.

Fazit:

Wann, wenn nicht jetzt?

Disruptive Umfeldentwicklungen, wie Corona, neue Arbeitswelten, Digitale Transformation, Technologiewechsel, Nachhaltigkeitstrends, rechtliche und behördliche Anforderungen u. v. m. verlangen vom gewissenhaften Entscheider (Vorstand, Geschäftsführer, Aufsichtsrat), entsprechende Ziele, Strategien und Maßnahmen abzuleiten.

Das Besondere dabei: Wenn Sie es richtig machen, (er)sparen Sie sich bereits bei der Umsetzung – und nicht erst Jahre später – Zeit, Geld und Stress!

Unser Leitfaden ist das Erfolgskonzept, wie sich die Themen Digitalisierung, Nachhaltigkeit und „Unternehmensführung 4.0“ (GRC) mit Strategie (strategy), Zielerreichung (performance) und (Geschäfts-) Berichtserstattung verknüpfen lassen:

„GRC in S & P!“

Anlagen

Anlage 1: Hintergrundinformationen zur Nachhaltigkeitsberichterstattung

Anlage 2: Global Reporting Initiative (GRI)-Inhaltsindex

Anlage 3: Welche Rolle spielen Standards?

Anlage 4: Wesentliche Komponenten des Integrierten GRC-Managementsystems

Anlage 5: Synopse zu diversen Managmentsystemstandards

Anlage 6: Auditcheckliste IMS

Anlage 7: Der Reifegrad des Prozessmanagements als Basis für eine Digitalisierungsstrategie

Anlage 8: Audit-Checkfragen zum Thema „Resilienz und Zukunftsfähigkeit“

Anlage 9: Weiterführende Literatur

Anlage 10: Herausgeberprofile

Prof. Dr. jur. Josef Scherer

Rechtsanwalt

Gründer und Leiter des Internationalen Instituts für Governance, Management, Risk- und Compliancemanagement der Technischen Hochschule Deggendorf THD

Rechtsanwalt Prof. Dr. Josef Scherer ist seit 1996 Professor für Unternehmensrecht (Compliance), Risiko- und Krisenmanagement, Sanierungs- und Insolvenzrecht an der Technischen Hochschule Deggendorf. Zuvor arbeitete er als Staatsanwalt an diversen Landgerichten und Richter am Landgericht in einer Zivilkammer.

Neben seiner Tätigkeit als Seniorpartner der auf Wirtschaftsrecht und Governance, Risiko- und Compliancemanagement (GRC) spezialisierten Kanzlei Prof. Dr. Scherer, Dr. Rieger & Mittag Partnerschaft mbB, erstellt er wissenschaftliche Rechtsgutachten und agiert als Richter in Schiedsgerichtsverfahren.

Von 2001 - 2015 arbeitete er auch als Insolvenzverwalter in verschiedenen Amtsgerichtsbezirken.

Prof. Dr. Scherer fungiert in diversen Unternehmen / Körperschaften als Compliance-Ombudsmann sowie externer Compliance-Beauftragter / Qualitätsmanagement-Beauftragter und ist gesuchter Referent bei Managementschulungen in namhaften Unternehmen sowie im Weiterbildungsprogramm des Senders BR-alpha und der virtuellen Hochschule Bayern (VHB).

In Kooperation mit TÜV konzipierte er als Studiengangsleiter und Referent den seit über 10 Jahren renommierten und akkreditierten berufsbegleitenden Masterstudiengang Risikomanagement und Compliancemanagement an der Technischen Hochschule Deggendorf und ist als externer Gutachter bei der (System-)Akkreditierung von Weiterbildungsstudiengängen tätig.

Seit 2012 leitet er als Vorstand des Direktoriums das Internationale Institut für Governance, Management, Risk- und Compliancemanagement der Technischen Hochschule Deggendorf als Kompetenzzentrum.

Außerdem ist er seit 2015 Mitglied des Beirates des Instituts für Risikomanagement und Regulierung (FIRM), Frankfurt (www.firm.fm).

Ebenso seit 2016 Mitglied des DIN-Normenausschusses Dienstleistungen (Arbeitsausschuss Personalmanagement NA 159-01-19 AA) zur Erarbeitung von ISO/DIN-Standards im Personalmanagement und seit 2017 Mitglied der Delegation ISO TC 309 Governance of organizations (Arbeitsausschuss Governance und Compliance NA 175-00-01-AA zur Erarbeitung von ISO/DIN-Standards im Bereich Unternehmensführung und -überwachung (Corporate Governance), Compliance und whistle blowing).

Ebenso seit 2016: Fachlicher Leiter der „User Group Compliance“ der Energieforen Leipzig und seit 2018 Mitglied der Arbeitsgruppe 252.07 von Austrian Standards International zur Erarbeitung einer ÖNORM 4900 ff. (Risiko-Managementsystem-Standards).

Seine Forschungs- und Tätigkeitsschwerpunkte liegen auf den Gebieten Managerenthaftung, Governance-, Risiko- und Compliancemanagement, Integrierte Human Workflow Managementsysteme und Digitalisierung sowie Vertrags-, Produkthaftungs-, Sanierungs- und Insolvenzrecht, Arbeitsrecht und Personalmanagement.

Prof. Dr. Scherer ist auf dem Gebiet angewandte Forschung und Lösungen / Tools im Bereich GRC, Digitalisierung und integrierte Workflow-Managementsysteme Gesellschafter-Geschäftsführer der Governance-Solutions GmbH und Aufsichtsrat in diversen Unternehmen und Stiftungen.

Die Veröffentlichungen (auch zum kostenlosen Download) finden Sie unter dem Link https://www.scherer-grc.net/publikationen

Kontakt:

josef.scherer@th-deg.de

www.gmrc.de

Klaus Fruth

Staatsanwalt als Gruppenleiter

Lehrbeauftragter an der Technischen Hochschule Deggendorf

Klaus Fruth studierte Jura an der Universität Passau.

Nach dem Staatsexamen arbeitete er in der Insolvenzverwaltung Professor Dr. Scherer. Anschließend war er mehrere Jahre Staatsanwalt bei den Staatsanwaltschaften in Deggendorf und Passau.

Von 2007 bis 2018 war er beim Amtsgericht Freyung hauptsächlich als Strafrichter eingesetzt und dort als Vorsitzender des Schöffengerichtes in vielfältigen Compliance-Fällen entscheidend.

Seit November 2018 ist er Staatsanwalt als Gruppenleiter bei der Staatsanwaltschaft Passau.

Seine Interessenschwerpunkte liegen im Bereich von Technik und Governance, Compliance, des Managerstrafrechts und des Wirtschaftsstrafrechts.

Er ist seit über 10 Jahren Lehrbeauftragter an der Technischen Hochschule Deggendorf (THD) u.a. für Governance und Compliance, Produkthaftungsrecht, Unternehmensrecht und Geschäftsführer- Compliance.

Zugleich verantwortet er an der THD im Studiengang BWL Bachelor die Durchgängigkeit eines geschlossenen Curriculums für Governance und Compliance.

Außerdem ist er Dozent u.a. für die TÜV-SÜD Akademie, für die VW-Akademie, sowie für die Hans-Lindner- Stiftung und im Rahmen von Inhouse-Schulungen sowie Modulverantwortlicher und Referent im berufsbegleitenden Masterstudiengang Risiko- und Compliancemanagement an der THD.

Ab 2014 übte er darüber hinaus die Funktion eines externen Compliance-Komitee-Mitglieds der THD (Zuständigkeit: Lehre) aus.

Er ist Leiter der Funktion „Praxis“ am Internationalen Institut für Governance, Management, Risk & Compliance.

Zusammen mit Prof. Dr. Scherer und dem Weiterbildungsinstitut der THD konzipierte er den weiterbildenden Zertifikatslehrgang „Unternehmensführung 4.0 – Integriertes Managementsystem mit Governance, Risk und Compliance“.

Veröffentlichungen: siehe unter dem Link:

http://www.gmrc.de/index.php/portfolio-leistungen-angebot/praxis

Kontakt: klaus.fruth@t-online.de

Dipl.-Kfm. Prof. Dr. Andreas Grötsch

Rechtsanwalt, Steuerberater, Fachanwalt für Steuerrecht, Fachberater für internationales Steuerrecht

Rechtsanwalt Prof. Dr. Grötsch hat in München Betriebswirtschaftslehre und Rechtswissenschaften studiert und im Steuerstrafrecht bei Prof. Dr. Joecks promoviert.
Prof. Dr. Grötsch ist seit November 1998 (davon ab 2006 als Partner) bei der Kanzlei Wannemacher & Partner (www.wannemacher-partner.de) als Rechtsanwalt und Steuerberater tätig. Die Kanzlei Wannemacher & Partner zählt im Bereich Steuerstrafrecht und Steuerverfahrensrecht zu den renommiertesten Kanzleien in Deutschland und wird regelmäßig von den Zeitschriften JUVE, FOCUS, Wirtschaftswoche und Handelsblatt als führende Kanzlei ausgezeichnet.

Seine Tätigkeit in der Kanzlei konzentriert sich auf die Beratung von Organen und Mitarbeiten von Unternehmen sowie Privatpersonen im Bereich Steuerstrafrecht, Steuerverfahrensrecht und Tax-Compliance. Er vertritt dabei die ganze Bandbreite von kleinen bzw. einfach strukturierten Unternehmen bzw. deren Organe und Mitarbeiter bis hin zur Begleitung von Mandanten in den derzeit größten Steuerstrafverfahren in Deutschland wie etwa im Cum-Ex - und Goldfinger Verfahren. Seine Beratung umfasst dabei auch den Komplex der präventiven steuerstrafrechtlichen sowie Selbstanzeigeberatung.

Prof. Dr. Grötsch hat begleitend zu seiner Tätigkeit als Rechtsanwalt noch erfolgreich die Prüfungen als Steuerberater, Fachanwalt für Steuerrecht und Berater für internationales Steuerrecht abgelegt.

Seit 2020 leitet Prof. Dr. Grötsch den Lehrstuhl für Tax-Compliance, Steuerstrafrecht und Corporate Social Responsibility an der Technischen Hochschule Deggendorf. In den Jahren 2005-2019 war er Lehrbeauftragter für Steuerstrafrecht an der Universität Osnabrück. Seit 2009 ist er zudem Mitglied des Prüfungsausschusses des Staatsministeriums der Finanzen für die mündliche Steuerberaterprüfung. Er hält seit vielen Jahren diverse Vorträge in den Bereichen Steuern, Steuerstrafrecht und Tax-Compliance.

Forschungs- und Tätigkeitsschwerpunkte:
Steuerstrafrecht
Steuerverfahrensrecht
Tax-Compliance
Corporate Social Responsibility

Zahlreiche Publikationen auf den Gebieten:
Steuerstrafrecht
Corporate Social Responsibility

Kontakt: andreas.groetsch@wannenmacher-partner.de

(www-gmrc-verlag.de - Bestellungen bitte an info@gmrc-verlag.de)

- □ Scherer/Fruth (Hrsg.), **Governance-Management – Band I**, Grundsätze ordnungsgemäßer Unternehmensführung (GoU) und -überwachung (GoÜ): Grundsätze ordnungsgemäßer (Corporate) Governance (GoGov) (2014)
– ISBN 978-3-00-048186-4 – Preis: 19,90 EUR

- □ Scherer/Fruth (Hrsg.), **Governance-Management Band II** (Standard & Audit) (2015)
– ISBN 978-3-00-051342-8 – Preis: 19,90 EUR

- □ Scherer/Fruth (Hrsg.), **Anlagenband zu Governance-Management Band II** (Standard & Audit) (2016) – ISBN 978-3-00-053425-6 – Preis: 19,90 EUR

- □ Scherer/Fruth (Hrsg.), Handbuch: Einführung in ein **Integriertes Managementsystem „on demand“** mit Governance, Risk und Compliance (GRC) (mit e-Book) (2018)
– ISBN 978-3-947301-09-6– Preis: 15.- EUR

- □ Scherer/Fruth (Hrsg.), Handbuch: Einführung in ein **Integriertes Personal-Managementsystem** mit Governance, Risk und Compliance (GRC) (mit e-Book) (2018) – ISBN 978-3-947301-05-8 – Preis: 15.- EUR

- □ Scherer/Fruth (Hrsg.), Handbuch: Einführung in ein **Integriertes Compliance-Managementsystem** mit Governance, Risk und Compliance (GRC) (mit e-Book) (2018) – ISBN 978-3-947301-04 – Preis: 15.- EUR

- □ Scherer/Fruth (Hrsg.), Handbuch: Einführung in ein **Integriertes Qualitäts-Managementsystem** mit Governance, Risk und Compliance (GRC) (mit e-Book) (2018) – ISBN 978-3-947301-04-1 – Preis: 15.- EUR

- □ Scherer/Fruth (Hrsg.), Handbuch: **Product Compliance, Vertragsmanagement und Qualitätsmanagement** - Anlagenband zu Integriertes Qualitätsmanagement und Leistungserbringungsmanagement mit Governance, Risk und Compliance (GRC) (mit e-Book) (2018) – ISBN 978-3-947301-06-5 – Preis 15.- EUR

- □ Scherer/Fruth (Hrsg.), Digitalisiertes Integriertes **Risiko-Managementsystem** mit Governance, Risk und Compliance (GRC) (mit e-Book) (2019) - ISBN 978-3-947301-20-1 - Preis 15.- EUR.